"十三五"国家重点出版物出版规划项目
可靠性新技术丛书

机械产品寿命设计与试验技术

Life Design and Test Technology of Mechanical Product

陈云霞 金 毅 著

国防工业出版社

·北京·

图书在版编目(CIP)数据

机械产品寿命设计与试验技术 / 陈云霞, 金毅著
. —北京: 国防工业出版社, 2022.10(2023.1 重印)
(可靠性新技术丛书)
ISBN 978-7-118-12590-0

Ⅰ. ①机… Ⅱ. ①陈… ②金… Ⅲ. ①机械设计-产品设计-研究 Ⅳ. ①TH122

中国版本图书馆 CIP 数据核字(2022)第 147763 号

※

*国防工业出版社*出版发行
(北京市海淀区紫竹院南路 23 号 邮政编码 100048)
北京虎彩文化传播有限公司印刷
新华书店经售

*

开本 710×1000 1/16 印张 10½ 字数 168 千字
2023 年 1 月第 1 版第 2 次印刷 印数 1001—2000 册 定价 85.00 元

(本书如有印装错误,我社负责调换)

国防书店: (010)88540777　　书店传真: (010)88540776
发行业务: (010)88540717　　发行传真: (010)88540762

可靠性新技术丛书 编审委员会

主任委员：康 锐

副主任委员：周东华　左明健　王少萍　林 京

委　　　员（按姓氏笔画排序）：

　　朱晓燕　任占勇　任立明　李 想

　　李大庆　李建军　李彦夫　杨立兴

　　宋笔锋　苗 强　胡昌华　姜 潮

　　陶春虎　姬广振　翟国富　魏发远

丛书序

可靠性理论与技术发源于20世纪50年代,在西方工业化先进国家得到了学术界、工业界广泛持续的关注,在理论、技术和实践上均取得了显著的成就。20世纪60年代,我国开始在学术界和电子、航天等工业领域关注可靠性理论研究和技术应用,但是由于众所周知的原因,这一时期进展并不顺利。直到20世纪80年代,国内才开始系统化地研究和应用可靠性理论与技术,但在发展初期,主要以引进吸收国外的成熟理论与技术进行转化应用为主,原创性的研究成果不多,这一局面直到20世纪90年代才开始逐渐转变。1995年以来,在航空航天及国防工业领域开始设立可靠性技术的国家级专项研究计划,标志着国内可靠性理论与技术研究的起步;2005年,以国家863计划为代表,开始在非军工领域设立可靠性技术专项研究计划;2010年以来,在国家自然科学基金的资助项目中,各领域的可靠性基础研究项目数量也大幅增加。同时,进入21世纪以来,在国内若干单位先后建立了国家级、省部级的可靠性技术重点实验室。上述工作全方位地推动了国内可靠性理论与技术研究工作。当然,随着中国制造业的快速发展,特别是《中国制造2025》的颁布,中国正从制造大国向制造强国的目标迈进,在这一进程中,中国工业界对可靠性理论与技术的迫切需求也越来越强烈。工业界的需求与学术界的研究相互促进,使得国内可靠性理论与技术自主成果层出不穷,极大地丰富和充实了已有的可靠性理论与技术体系。

在上述背景下,我们组织撰写了这套可靠性新技术丛书,以集中展示近5年国内可靠性技术领域最新的原创性研究和应用成果。在组织撰写丛书过程中,坚持了以下几个原则:

一是**坚持原创**。丛书选题的征集,要求每一本图书反映的成果都要依托国家级科研项目或重大工程实践,确保图书内容反映理论、技术和应用创新成果,力求做到每一本图书达到专著或编著水平。

二是**体系科学**。丛书框架的设计,按照可靠性系统工程管理、可靠性设计与实验、故障诊断预测与维修决策、可靠性物理与失效分析4个板块组织丛书的选题,基本上反映了可靠性技术作为一门新兴交叉学科的主要内容,也能在一定时期内保证本套丛书的开放性。

三是保证权威。丛书作者的遴选,汇聚了一支由国内可靠性技术领域长江学者特聘教授、千人计划专家、国家杰出青年基金获得者、973项目首席科学家、国家级奖获得者、大型企业质量总师、首席可靠性专家等领衔的高水平作者队伍,这些高层次专家的加盟奠定了丛书的权威性地位。

四是覆盖全面。丛书选题内容不仅覆盖了航空航天、国防军工行业,还涉及了轨道交通、装备制造、通信网络等非军工行业。

本套丛书成功入选"十三五"国家重点出版物出版规划项目,主要著作同时获得国家科学技术学术著作出版基金、国防科技图书出版基金以及其他专项基金等的资助。为了保证本套丛书的出版质量,国防工业出版社专门成立了由总编辑挂帅的丛书出版工作领导小组和由可靠性领域权威专家组成的丛书编审委员会,从选题征集、大纲审定、初稿协调、终稿审查等若干环节设置评审点,依托领域专家逐一对入选丛书的创新性、实用性、协调性进行审查把关。

我们相信,本套丛书的出版将推动我国可靠性理论与技术的学术研究跃上一个新台阶,引领我国工业界可靠性技术应用的新方向,并最终为"中国制造2025"目标的实现做出积极的贡献。

康锐

2018年5月20日

前言

本书是作者从事高可靠长寿命技术方向研究近十年的总结,其成果主要来源于两项国防973项目,研究目标主要针对的是新一代航空机械产品长寿命指标需求。工程上,现有机械产品寿命设计分析和试验评价技术手段缺乏,特别是航空机械产品在型号研制过程中发布了一份重要顶层文件(即原国防科工委发布的[1985]科六字第1325号文《航空技术装备寿命与可靠性工作暂行规定》)用于产品的寿命分析与评价的,其方法核心主要基于工程经验的试验评估,以及外场领先使用和信息评估等,由于该文件从本质上缺乏对产品故障机理的认知和故障行为规律的掌握,从而使得机械产品在寿命设计与分析、寿命试验设计与评价方面均缺乏行之有效的理论和方法。

作者通过将近十年的研究,使得该领域不仅在理论方面,而且在工程应用方面都得到了长足发展,形成了可用于型号研制的一种成熟技术。因此,本书主要以机械产品为对象,面向长寿命指标需求,较为全面、系统地介绍了故障机理分析与建模、寿命设计与分析、寿命试验设计与评价等内容,并结合了大量工程应用案例。为了不失普适性,本书选择的典型案例以航空机械产品为主,兼顾了民用领域的汽车零部件,全书注重理论与应用的紧密结合,可以使读者迅速掌握机械产品寿命设计和试验相关理论和方法。

全书共分7章。第1章,简述寿命指标的基本概念与内涵、国内外研究概况,以及本书的基本内容及结构;第2章和第3章,主要讲述故障机理分析及建模方法;第4章和第5章,主要讲述机械产品寿命仿真分析及设计方法;第6章和第7章,主要是面向产品长寿命指标要求,讲述机械产品加速试验设计与评价方法。本书中研究成果得到国家自然科学基金(51675025、52075019)、浙江省自然科学基金(LQ21E050005)等相关项目的资助。

本书可作为新一代航空机械产品开展寿命设计与试验评估等工作的参考书,也可作为高等学校和研究所相关研究领域的教师和研究生的参考书或教科书;由于书中所含内容的一般性,因此还可作为一般机械、机电类产品,如航空发动机附件、汽车零部件等产品的寿命设计、分析、试验、评价、验证技术人员的参考书。

全书由陈云霞、金毅撰写。作者借此机会感谢康锐教授对全书编写工作的指导与帮助,感谢曾志国、许丹、井海龙、龚文俊、林坤松、张文博、张雅雯、王聪等对本书所做的贡献。

由于作者水平有限,且产品寿命设计和试验涉及的领域较广,书中难免有不妥之处,敬请读者批评指正。

作　者

2022 年 1 月

目录

第1章 绪论 ··· 1
1.1 国内外研究概况 ··· 2
- 1.1.1 机械产品寿命建模相关进展 ··· 2
- 1.1.2 机械产品寿命设计相关进展 ··· 7
- 1.1.3 加速试验方案设计相关进展 ··· 9
- 1.1.4 问题与挑战 ··· 12

1.2 基于可靠性科学原理的寿命内涵 ··· 13
1.3 本书的基本内容及结构 ··· 14
参考文献 ··· 15

第2章 故障机理分析方法 ··· 21
2.1 寿命周期载荷谱确定 ··· 21
- 2.1.1 剖面分析 ··· 21
- 2.1.2 载荷确定 ··· 23

2.2 基于结构分解的故障机理分析方法 ··· 25
- 2.2.1 机理分析流程 ··· 25
- 2.2.2 应用案例 ··· 31

2.3 基于故障模式演绎的故障机理分析方法 ··· 37
- 2.3.1 机理分析流程 ··· 37
- 2.3.2 应用案例 ··· 41

参考文献 ··· 46

第3章 故障机理建模方法 ··· 48
3.1 单一故障机理建模方法 ··· 48
- 3.1.1 建模原理 ··· 49
- 3.1.2 具体建模过程 ··· 49
- 3.1.3 应用案例 ··· 51

3.2 多机理耦合建模方法 ··· 52
- 3.2.1 竞争关系故障机理建模 ··· 53
- 3.2.2 叠加关系故障机理建模 ··· 54
- 3.2.3 组合关系故障机理建模 ··· 56

  3.2.4　诱发关系故障机理建模 ……………………………………… 57
 3.3　典型故障机理及相关模型 ……………………………………………… 58
  3.3.1　疲劳 ……………………………………………………………… 58
  3.3.2　磨损 ……………………………………………………………… 66
  3.3.3　老化 ……………………………………………………………… 69
 参考文献 ………………………………………………………………………… 70

第4章　机械产品寿命仿真分析方法 ……………………………………… 72
 4.1　原理及流程 ……………………………………………………………… 72
 4.2　基于确定性模型的寿命仿真分析方法 ………………………………… 73
  4.2.1　机理分析 ………………………………………………………… 73
  4.2.2　数字样机建模 …………………………………………………… 74
  4.2.3　仿真应力分析 …………………………………………………… 75
  4.2.4　确定性寿命指标获取 …………………………………………… 76
 4.3　考虑内、外因参数不确定性的寿命分析方法 ………………………… 77
  4.3.1　内、外因特征参数提取及分布规律确定 ……………………… 78
  4.3.2　考虑内、外因参数不确定性的寿命指标获取 ………………… 80
 4.4　应用案例 ………………………………………………………………… 81
  4.4.1　机理分析 ………………………………………………………… 81
  4.4.2　数字样机建模 …………………………………………………… 81
  4.4.3　仿真应力分析 …………………………………………………… 82
  4.4.4　耗损故障时间计算 ……………………………………………… 82
  4.4.5　确定性寿命指标计算 …………………………………………… 85
  4.4.6　考虑内、外因不确定性的寿命指标计算 ……………………… 85
 参考文献 ………………………………………………………………………… 86

第5章　机械产品寿命设计方法 …………………………………………… 87
 5.1　原理及流程 ……………………………………………………………… 87
 5.2　寿命设计优化模型构建 ………………………………………………… 87
 5.3　优化模型求解方法 ……………………………………………………… 90
  5.3.1　线性优化方法 …………………………………………………… 90
  5.3.2　简单非线性优化方法 …………………………………………… 91
  5.3.3　复杂非线性优化方法 …………………………………………… 92
 5.4　应用案例 ………………………………………………………………… 93
  5.4.1　可控设计参数确定 ……………………………………………… 93
  5.4.2　力学响应代理模型建立 ………………………………………… 94

    5.4.3 寿命设计优化模型建立 ·· 95
    5.4.4 优化模型求解 ·· 96
  参考文献 ··· 99
第6章 加速试验方案设计方法 ·· 100
  6.1 基于优化理论的零部件加速试验方案设计 ························ 100
    6.1.1 设计原理 ··· 100
    6.1.2 应用案例 ··· 103
  6.2 基于加速因子理论计算的产品加速试验方案设计 ··············· 108
    6.2.1 设计原理 ··· 108
    6.2.2 应用案例 ··· 113
  参考文献 ··· 118
第7章 寿命试验评价方法 ·· 119
  7.1 面向内场试验数据的寿命评价方法 ·································· 119
    7.1.1 面向内场退化数据的寿命评价方法 ··························· 119
    7.1.2 面向内场退化数据和失效数据融合的寿命评价方法 ····· 129
    7.1.3 应用案例 ··· 129
  7.2 面向内场与外场试验数据融合的寿命评价方法 ·················· 134
    7.2.1 内场与外场数据特征 ··· 134
    7.2.2 评价方法及实施步骤 ··· 135
    7.2.3 应用案例 ··· 136
  参考文献 ··· 138
附录 航空机载产品常见机理确定参考表 ································· 139
  后记 ·· 143

Contents

Chapter 1　Introduction ·· 1
    1.1　National and International Research Overview ························ 2
        1.1.1　Progress in Life Modeling of Mechanical Products ············ 2
        1.1.2　Progress in Life Design of Mechanical Products ················ 7
        1.1.3　Progress in Accelerated Test Plan Design ······················· 9
        1.1.4　Problems and Challenges ·· 12
    1.2　Life Connotation Based on The Principle of Reliability Science ······ 13
    1.3　Content and Structure of This Book ······································ 14
    References ··· 15

Chapter 2　Failure Mechanism Analysis Method ······························· 21
    2.1　Life Cycle Load Spectrum Determination ······························· 21
        2.1.1　Profile Analysis ·· 21
        2.1.2　Load Determination ··· 23
    2.2　Failure Mechanism Analysis Method Based on Structural Decomposition ·· 25
        2.2.1　Mechanism Analysis Process ······································· 25
        2.2.2　Case Study ··· 31
    2.3　Failure Mechanism Analysis Method Based on Failure Mode Deduction ·· 37
        2.3.1　Mechanism Analysis Process ······································· 37
        2.3.2　Case Study ··· 41
    References ··· 46

Chapter 3　Failure Mechanism Modeling Method ······························ 48
    3.1　Single Failure Mechanism Modeling Method ··························· 48
        3.1.1　Modeling Principle ·· 49
        3.1.2　Modeling Process ·· 49
        3.1.3　Case Study ··· 51
    3.2　Multi-mechanism Coupling Modeling Method ·························· 52
        3.2.1　Competitive Relationship Failure Mechanism Modeling ······ 53

  3.2.2 Superposition Relationship Failure Mechanism Modeling ········· 54
  3.2.3 Combination Relationship Failure Mechanism Modeling ············ 56
  3.2.4 Induced Relationship Failure Mechanism Modeling ·············· 57
 3.3 Typical Failure Mechanism and Related Models ······················ 58
  3.3.1 Fatigue ·· 58
  3.3.2 Wear ·· 66
  3.3.3 Ageing ··· 69
 References ··· 70

Chapter 4 Life Simulation Analysis Method for Mechanical Product ·· 72

 4.1 Principle and Process ·· 72
 4.2 Life Simulation Analysis Method Based on Deterministic Model ······ 73
  4.2.1 Mechanism Analysis ·· 73
  4.2.2 Digital Prototype Modeling ·· 74
  4.2.3 Stress Analysis ·· 75
  4.2.4 Deterministic Lifetime Acquisition ··· 76
 4.3 Life Analysis Method Considering the Uncertainty of Internal and External Factors ··· 77
  4.3.1 Extraction of Characteristic Parameters of Internal and External Factors and Determination of Distribution Law ········· 78
  4.3.2 Obtaining Lifetime Considering the Uncertainty of Internal and External Factors ·· 80
 4.4 Case Study ··· 81
  4.4.1 Mechanism Analysis ··· 81
  4.4.2 Digital Prototype Modeling ··· 81
  4.4.3 Stress Analysis ·· 82
  4.4.4 Calculation of Wear-out Failure Time ·· 82
  4.4.5 Deterministic Lifetime Calculation ·· 85
  4.4.6 Calculation of Lifetime Considering the Uncertainty of Internal and External Factors ·· 85
 References ··· 86

Chapter 5 Life Design Method for Mechanical Product ···················· 87

 5.1 Principle and Process ·· 87
 5.2 Life Design Optimization Model ·· 87

- 5.3 Solving Method of Optimization Model ……………………………… 90
  - 5.3.1 Linear Optimization Method ………………………………… 90
  - 5.3.2 Simple Nonlinear Optimization Method ……………………… 91
  - 5.3.3 Complex Nonlinear Optimization Method …………………… 92
- 5.4 Case Study …………………………………………………………… 93
  - 5.4.1 Determination of Controllable Design Parameters …………… 93
  - 5.4.2 Mechanical Response Proxy Model …………………………… 94
  - 5.4.3 Life Design Optimization Model ……………………………… 95
  - 5.4.4 Optimization Model Solving …………………………………… 96
- References ………………………………………………………………… 99

Chapter 6 Accelerated Test Plan Design Method …………………… 100

- 6.1 Design of Accelerated Test Plan for Parts and Components Based on Optimization Theory ……………………………………… 100
  - 6.1.1 Design Principle ………………………………………………… 100
  - 6.1.2 Case Study ……………………………………………………… 103
- 6.2 Design of Accelerated Test Plan for Parts and Components Based on Theoretical Calculation of Acceleration Factor ……………… 108
  - 6.2.1 Design Principle ………………………………………………… 108
  - 6.2.2 Case Study ……………………………………………………… 113
- References ………………………………………………………………… 118

Chapter 7 Life Test Assessment Method ……………………………… 119

- 7.1 Life Assessment Method for Infield Test Data ……………………… 119
  - 7.1.1 Life Assessment Method for Infield Degradation Data ……… 119
  - 7.1.2 Life Assessment Method for Fusion of Infield Degradation Data and Failure Data ……………………………………………………… 129
  - 7.1.3 Case Study ……………………………………………………… 129
- 7.2 Life Assessment Method Based on Data Fusion of Infield and Outfield Tests ……………………………………………………… 134
  - 7.2.1 Infield and Outfield Data Characteristics …………………… 134
  - 7.2.2 Evaluation Method …………………………………………… 135
  - 7.2.3 Case Study ……………………………………………………… 136
- References ………………………………………………………………… 138

Appendix Common Mechanism Determination Reference Table …… 139

Afterword ……………………………………………………………… 143

第 1 章

绪　　论

《辞海》中,"寿命"解释为生存的年限,后亦比喻存在或使用的期限。对于机械产品而言,寿命主要是指使用寿命,即指产品从生产交付到退出使用所经历的全部时间。寿命作为产品耐久性的度量,是产品重要的技术指标,也是影响性能充分发挥的重要因素。伴随着"制造强国"和"质量强国"战略的稳步推进,长寿命指标成为新一代机械装备研制的发展趋势和必然要求。例如:国产大飞机 C919 设计总寿命要求达到 80000h(飞行小时);我国空间站在轨运行寿命要求不少于 15 年;民用新能源汽车要求满足 8 年质保和 15 年设计寿命。这些指标要求给机械产品的寿命设计及相关试验技术带来了全新的挑战,也成为制约我国制造业转型升级的瓶颈问题之一。

机械产品寿命设计及试验技术经过数十年的发展,相关理论研究及工程实践应用均取得了一系列成果。但是由于机械产品所受载荷严酷多变、零部件退化规律复杂、结构耦合性强,造成产品故障规律复杂、寿命设计分析缺手段、试验验证针对性不强,现有寿命设计及试验技术无法满足新一代装备机械类产品长寿命指标实现的迫切需求,具体体现在以下两个方面:

(1) 研制阶段缺乏实用有效的寿命设计分析方法,导致寿命指标难以落实。当前机械产品研制过程中主要依赖设计准则(基于工程经验的定性设计)、裕量设计(预留安全系数)和余度设计(增加冗余备份)等工程分析方法。这类方法对于早期机械产品寿命指标的实现起到了一定的作用,但是随着寿命指标的进一步提高,这类基于经验的工程分析方法难以给予有效的支撑。其根本原因在于这类以历史统计数据为基础的寿命设计分析方法属于一种"黑箱"分析方法,该方法不要求对产品设计原理和历经剖面信息具有清楚认知,且缺乏对产品底层故障机理及其引起的系统层级宏观性能(含结构完整性参数)随时间的演化规律的刻画,也就难以指导产品寿命设计工作的开展。因此,依靠已有的基于经验的寿命设计分析方法,已无法满足新一代机械产品的长寿命指标要求,这是当前机械产品研制过程急需解决的瓶颈问题。

（2）定型阶段寿命试验验证方法针对性不足，且成本高、周期长，导致寿命水平难以真正摸清。当前机械产品的寿命水平主要采用基于工程经验的试验评估和外场信息评估方法进行评价。在试验方法方面，当前广泛采取的试验方案往往时间长、难度大。例如，针对航空装备，目前仍主要采用[1985]科六字第1325号《航空技术装备寿命与可靠性工作暂行规定》中规定的厂内寿命试验法进行寿命验证试验，该文件要求试验样品数量一般不少于2台(套)，试验时间为寿命指标的1.5倍，这对于首翻期要求达到10000h(飞行小时)以上的机械装备，在工程上是无法承受的。在寿命试验数据分析方面，主要采取基于试验数据统计的评价方法，但由于装备昂贵、试验台架数量少、试验样件数量和试验时长均受限，造成数据缺乏，难以达到寿命指标验证和评价的目的。上述两方面因素最终导致了试验难开展、指标难验证等诸多问题。其根本原因在于，当前寿命试验设计与评价方法主要基于工程经验和统计数据，缺乏对产品故障机理的认知和故障行为规律的掌握，试验方案设计与数据评价缺乏针对性和有效性，这是当前机械产品在研制及定型阶段急需解决的又一问题。

围绕上述难题，本书将以机械产品为研究对象，总结与提炼作者所在团队近十年里关于寿命方向的科研及工程实践成效，旨在较为全面、系统地给出产品故障机理分析与建模、寿命设计与分析、试验设计与评价等技术方法体系，并结合大量工程应用案例，详细阐述技术方法的内涵与实施流程，以实现在认知产品故障机理和演化规律的基础上有效设计和快速定量评价寿命指标的目标，从而为新一代装备机械类产品寿命设计与试验评价提供理论与实践支撑。

1.1 国内外研究概况

1.1.1 机械产品寿命建模相关进展

机械产品由于受到零部件专用性强、结构功能耦合多样、试验成本高等因素的影响，无法通过开展大量试验获取足够数据样本，并且不易累积通用基础性寿命数据，使得现有寿命建模分析方法不完全适用于机械产品。近些年来，国内外机械产品寿命建模分析研究主要集中在两个方面：①基于数据驱动的统计分析方法；②基于故障物理的建模分析方法。下面将分别针对这两类寿命建模方法进行阐述。

1. 基于数据驱动的统计分析方法

基于数据驱动的统计分析方法，即通过收集产品的故障数据，采用概率论与数理统计方法对产品寿命进行统计推断的一类方法。其中，故障数据的收集和统计分析是该寿命建模方法的工作重点。

故障数据主要包括产品在使用过程中的实际故障数据、模拟使用环境开展寿命试验得到的故障数据以及在保证失效机理一致性前提下开展加速试验得到的故障数据等[1]。需要指出的是，上述故障数据从广义上既包含了寿命数据，也包含了性能退化数据。对于不同的数据类型，所采用的统计分析方法可能存在差异。

故障数据的统计分析最早是通过搜集机械产品的故障时间，在不考虑故障时间分布类型的情况下，直接用试验样本的均值去估计母体的特征值的，该寿命水平也称为平均故障间隔时间(mean time between failure, MTBF)。对此，早在20世纪50年代就已开展了相关的研究过程，并且已经形成了相关的工程技术标准，如美国的MIL-HDBK-217K、我国的GJB 889A—2009等。但是，对于只有少量故障数据的机械产品，通过该方法计算得到的MTBF估计值可能误差较大。并且，产品的故障时间通常服从某一分布，不同分布对应于不同的分布均值，从数理统计的角度，分布均值与样本均值并不一定相同，因此该方法并不能很好地反映机械产品的实际寿命水平。针对该方法的缺点，有学者提出相应的改进措施，即首先假定故障数据服从某一分布，并通过分布均值来替代样本均值用以评估产品寿命水平[2]。

随着机械产品高可靠、长寿命指标的不断实现，机械产品很难在可接受的试验时间或者观测时间内发生故障，使得传统统计分析由于缺乏足够故障数据而难以进一步开展。对此，贾祥等[3]和茆诗松等[4]从经典统计学分析角度出发对无故障数据问题开展了探索。但是，这些方法只有在样本数量较大时，才能得到较好的估计结果。对此，相关学者进一步采用贝叶斯(Bayes)分析方法直接将无故障数据用于可靠性及寿命分析[5-6]。然而，直接使用无故障数据不可避免地会对寿命分析产生"冒进"问题，胡文林等[7]和赵权等[8]进一步提出通过引入故障信息对数据进行综合处理，提出了综合E-Bayes估计法，实现对寿命分布参数的合理估计。

然而上述统计分析方法仍然无法摆脱寿命数据匮乏引发的困境。针对这一现状，利用机械产品在使用过程中的退化数据开展寿命建模成为基于故障数据的统计分析方法的一个热点问题。从20世纪60年代，苏联学者Gertsbakh和Kordonsky首次将简单线性退化轨迹模型用于寿命预测以来[9]，基于退化数据的统计方法在寿命分析方面取得了一系列的成果。

针对确定性退化规律，该统计分析方法通常假定单个机械产品的退化数据服从一个明确的退化路径，可通过回归分析等方法评估其退化参数，进而预估其达到失效阈值时的伪寿命，再根据一系列个体产品的伪寿命统计推断产品总体的寿命分布。根据不同产品的退化路径特征,常见的回归模型形式包括以下三类:幂律形式、指数形式和对数形式。其中,Baussaron 等[10]针对线性退化数据提出了加权线性退化路径外推模型,相较于线性退化外推方法具有更好的预测精度和适用性。Gebraeel 等[11]用指数模型来描述齿轮的退化数据,并采用贝叶斯方法结合历史数据与当前监测数据,实时预测单个齿轮的剩余有效寿命。

为了弥补确定性退化模型在描述机械产品分散性方面的不足,研究人员进一步提出将退化模型的参数随机化,并假设其服从某种分布,从而构建表征产品分散性的退化模型用以开展寿命分析。对此,Lu 和 Meeker[12]首先提出了一种随机回归系数模型来表征整个样本总体的退化轨迹,这种模型假定观测到产品退化轨迹由实际退化轨迹和测量误差叠加形成,并认为测量误差独立且均服从正态分布。产品的实际退化轨迹模型又包含两类参数:①固定效应回归系数,这类系数对所有产品个体都相同;②随机效应回归系数,用于表征不同产品个体之间的分散性。Wang[13]总结了随机回归系数模型的三个基本设定:①产品随时间的退化情况和退化水平可以在任意时间被检测得到;②产品来自同一总体,这意味着各个产品有相同的退化形式;③产品退化轨迹的随机项的分布事先已知。基于 Lu 和 Meeker 的通用退化模型形式和 Wang 的一般化假设,Gebraeel 等[14]考虑了一种新的随机回归系数模型,该模型假定退化轨迹中的误差项可以用布朗运动来表征。

随机回归系数模型虽然考虑了产品个体之间的分散性,但是针对于单个个体而言,其退化规律是确定的。然而在实际使用中,机械产品的退化过程受到外界因素的干扰,其退化轨迹可能存在一定的随机性。为了描述产品在退化过程中的这种不确定性,研究人员进一步引入了随机过程描述机械产品的退化行为。其中,维纳(Wiener)过程和伽马(Gamma)过程是最常见的描述机械产品退化过程的随机过程模型。维纳过程模型主要描述退化趋势随时间线性变化并具有布朗运动噪声的退化过程,其在描述机械产品累积损伤方面有一定的合理性[15-16]。然而,机械产品退化可能主要是由于磨损、疲劳等引起,维纳过程并不适用于描述这类退化数据呈现单调增长的特征,而伽马过程具有在任一时间区间内都有独立的非负增量的数学特性,因此伽马过程可以用于对这类故障引起的退化过程的建模与寿命分析[17-18]。此外,针对机械产品的其他退化行为,还有相应的模型进行描述,例如:泊松(Poisson)过程模型用来描述机械产品受到多次"冲击"后发生故障的累积损伤冲击过程[19];逆高斯(inverse Gaussian,IG)过程模型用来描述退化量单调递增且每次退化增量服从不同分布的退化行为[20]。

综上所述,经过数十年的发展,基于数据驱动的统计分析方法在机械产品寿命建模分析中取得了显著的成果。但是归其根本,该方法仍然属于"事后分析"过程,由于缺乏对产品设计原理的清晰认知和对导致产品故障的根本原因的分析,也未对产品故障及耗损特征进行深入分析,因此无法从根本上阐释和分析产品寿命的演变规律,导致难以实现机械产品的寿命设计要求。

2. 基于故障物理的建模分析方法

针对统计分析方法所面临的困境,当前寿命建模分析的研究重点正在转向"事前分析",这就要求一种更科学的方法来指导相关研究工作的开展。对此,运用"故障物理"的思路来研究机械产品寿命的方法越来越受到关注。基于故障物理的建模分析方法,是通过对产品故障模式、故障原因及故障机理等开展研究,从故障的根本原因入手,基于耗损特征对产品寿命进行建模的方法。

基于故障物理的建模分析的核心是建立各机理对应的损伤模型。一般地,按照故障机理类型可将故障分为过应力型故障和耗损型故障两大类。其中,过应力型故障通常表现为突发随机型故障,如屈服、脆性断裂等,这类机理很难建立合理的定量应力损伤模型进行描述,目前主要采用冲击模型和失效分布模型进行可靠寿命分析。与之相比,耗损型故障通常表现为退化型故障,即机械产品的性能和结构类参数在使用应力、环境应力或两者共同作用下随时间增长而逐步退化(耗损)直至失效,如结构疲劳裂纹的扩展、高温下的材料应力松弛和蠕变、机构运动零部件的磨损等,其核心是建立各机理所对应的损伤模型。当前国内外研究机构、学者及工程技术人员针对机械产品典型的故障机理开展了大量的试验和理论研究,并且给出了相应的损伤模型。

针对疲劳机理,Coffin[21]和Manson分别对低周疲劳问题提出了经验型描述应变与疲劳循环次数的模型,即Coffin-Manson模型。在此基础上,研究人员针对不同的问题对Coffin-Manson模型进行了修正和发展。Cruzado等[22]针对多晶金属合金在低周疲劳下表现出的双线性Coffin-Manson关系,假设该关系受到由低周应变范围内的高度局部塑性向高周应变范围内更均匀的变形的转变,进而提出了基于微观结构的疲劳寿命模型。Li等[23]考虑到结构钢在超低周疲劳载荷作用下延性裂纹萌生对于结构钢极限状态的影响,提出了考虑三轴向应力影响的结构钢超低周疲劳断裂的修正Coffin-Manson模型。此外,针对高周疲劳问题,也有相关的模型被提出。其中,名义应力法是最早提出,也是目前为止最常用的一种疲劳寿命分析方法。传统的名义应力法依据结构疲劳关键部位的应力谱、关键部位的曲线与等寿命曲线,加入疲劳缺口系数、尺寸系数、表面系数等,再按照疲劳累积损伤理论来估算结构的疲劳寿命[24]。此外,对于疲劳断裂问题,还能从断裂力学的角度进行相关建模。对此,Paris最先提出了描述机械产品微小裂纹随时间的增长过程的Paris公式[25]。并且,在Paris公式的基础上,相关修正模型先后被提出,如针对长裂纹稳定扩展和失稳扩展的 Forman 公式[26]、描述应力比和阈值影响的 Priddle 公式[27]、考虑裂纹高载迟滞效应的 Willenberg 公式[28]等。

针对磨损机理,Archard 从磨损机理的理论层面揭示磨损行为的机制,进而提出了 Archard 模型[29]。该模型认为磨损量与材料屈服强度、磨损系数以及接触力有关。然而,该模型中的磨损系数 K 值只能通过试验或经验确定,导致预测结果不准确,无法描述复杂的磨损机理。Ludema[30]通过大量的文献调研将磨损模型大致分为三类:经验模型、基于接触力学的模型、基于材料失效机理的模型。整个磨损模型的建立取决于如何将这个定量模型用于描述磨损过程以及这个模型里应该包含哪些参数。并且指出,许多接触计算公式均把磨损系数简单地认为是常数,而没有考虑磨损过程的时间效应,从而大大降低了这些公式的适用范围。对此,龚文俊[31]将分形理论用于接触界面,提出了基于时变分形参数的黏着磨损与三体磨损耦合模型。

针对老化机理,Arrhenius 在研究热化学反应时,提出了一类经验物理损伤模型,描述物理化学中反应速率与温度的关系,即 Arrhenius 模型[32]。该模型指出反应速率与激活能的指数成反比,与绝对温度的倒数的指数成反比。自此,Arrhenius 模型被广泛应用于橡胶、塑料及其他高分子材料的老化建模中。但是,Arrhenius 模型认为活化能在小范围温度内是不变的,这与实际活化能随温度的变化过程不相符,导致预测结果存在偏差。对此,相关学者提出了一系列改进的 Arrhenius 模型以提高预测的准确性。其中,Celina 等[33]针对聚合物材料老化过程中呈现的非 Arrhenius 特性,讨论了活化能在不同温度下的变化特征,指出线性外推对于描述低温下老化橡胶寿命的缺陷。刘巧斌等[34]同样针对橡胶在老化过程中呈现出来的非 Arrhenius 特性,引入幂指数因子构建了改进的 Arrhenius 模型,并进行了不同低温下的橡胶贮存寿命预测。

典型单机理损伤模型已经被国内外学者广泛研究,并已经在诸多产品上运用,证实了其有效性和准确性。然而,在实际使用过程中,由于机械产品本身的复杂性和外界因素的不确定性,机械产品在退化至故障的过程中,往往伴随着多种故障机理的发生,并且这些故障机理通常呈现出耦合关系,从而对产品寿命产生影响。机理耦合机制的研究主要集中于探究不同机理之间的耦合关系的自然描述和数学表征。由于不同类型的机理之间存在着多维度的差异,导致耦合关系的表征会存在诸多困难。对于简单可测的耦合关系,可以直接通过实验检测进行相应的验证;对于涉及多维度的耦合关系,通常只能利用间接检测手段进行验证。因此这种表征可以是人为设定的,也可以是自动演化的,需要进行具体说明。

目前来说，机理的耦合关系是普遍存在的，且基本可概括为叠加、竞争、组合、诱发等关系[35-36]。例如，金属的腐蚀疲劳裂纹扩展较常规疲劳存在显著差异，通过试验研究发现腐蚀疲劳裂纹扩展受载荷、材料类型、环境条件影响严重。对此，Wei 和 Simmon[37]通过沿用断裂力学的方法表征裂纹扩展速率，提出了适用于不同载荷条件和腐蚀环境的叠加模型以及各种修正形式。Austen[38]则认为机械疲劳和应力腐蚀在某些情况下由发展较快的一个过程来主导腐蚀疲劳裂纹扩展过程，即竞争模型。另外，针对疲劳与蠕变耦合，从微观角度看，蠕变损伤的微孔洞生长与演化和疲劳损伤所造成的材料内部微小裂纹之间存在耦合的相互作用，而这种作用表现出非线性累积特征，张庆[39]通过对铝合金蠕变-疲劳损伤耦合特性进行分析，利用组合模型进行累积损伤建模，描述两者耦合特性。另外，也有学者认为蠕变对疲劳寿命的影响表现为，疲劳寿命除了与应力有关之外，还与频率有关[40]。因此，通过在描述低周疲劳寿命的 Coffin-Manson 模型或 Morrow 模型中引入一个频率修正因子，可以建立基于诱发关系的模型描述蠕变与疲劳的交互作用。

然而，机械产品通常是由若干机械零部件有机组合而成、用于完成某一特定功能的综合体，其寿命除了受零部件寿命的影响外，还取决于零部件的组合方式。目前，从故障物理角度开展面向复杂机械产品的寿命建模，通常有意规避系统结构复杂、各单元相互耦合等棘手问题，利用"短板"理论直接将问题简化，认为机械产品为串联系统，系统中任意单元失效，则系统失效，即认为"系统寿命"是由系统中的"最短板零部件的寿命水平"决定的[41-42]。因此，只研究系统中单个或多个部件的材料或结构是否发生损伤破坏，进行相应的寿命建模。然而，在实际运行过程中，机械产品内部结构和功能的耦合关系使得"短板"理论并不适用。例如，齿面的点蚀或剥落导致与其相啮合的轮齿接触力发生变化，进而影响相邻齿轮发生损伤过程[43]。这种齿轮与齿轮之间的相关性无法通过单个零部件的失效进行描述。对此，充分考虑各个零部件的失效相关性，进而构建面向系统层面的寿命模型，将是机械装备和机械系统寿命设计的关键问题。

1.1.2 机械产品寿命设计相关进展

寿命设计是保证机械产品长寿命指标要求的重要技术环节，也是提升可靠性设计分析能力的重要举措。目前，针对机械产品的寿命设计主要是面向机械零部件开展的疲劳寿命设计。根据所承受的疲劳载荷与强度相对关系以及服役需求，疲劳寿命设计准则可分为无限疲劳寿命设计和有限疲劳寿命设计。无限疲劳寿命设计是由苏联学者 С. А. Серенсен 于 20 世纪 40 年代提出的，是最早使用的疲劳寿命设计方法[44]。该方法认为当零部件的设计应力低于材料的疲劳极限时,则该零部件具有无限寿命,能够保证零部件在设计应力下长期安全使用。由于无限疲劳寿命设计相对简单,且所需的强度参数较少,因此传统的疲劳寿命设计大多采用的是无限疲劳寿命设计。随着人们对机械产品全寿命周期经济性与可靠性认识的深入,有限疲劳寿命可靠性设计受到了更多的重视。有限疲劳寿命设计是无限疲劳寿命设计的直接发展,其只保证机械零部件在一定使用期限内安全使用,允许零部件的工作应力超过其疲劳极限。上述两种设计准则的基本设计参数都是名义应力。因此,众多设计人员借助 S-N 曲线进行相应的许用应力设计[45-46]。所不同的是,无限疲劳寿命设计使用的是 S-N 曲线的水平部分,有限疲劳寿命设计使用的是 S-N 曲线的斜线部分。例如,针对轮齿的疲劳寿命设计主要是保证齿根弯曲疲劳寿命和齿面接触疲劳寿命的设计[47],无限疲劳寿命设计和有限疲劳寿命设计的要求主要体现在许用弯曲应力和许用接触应力计算公式的疲劳寿命系数取值上,其取值大小主要由工程经验确定,同时利用安全系数进一步保证使用过程中的安全性[48]。

这类基于大数据的事后统计以及定性和经验相结合的寿命设计方法只能对存在已有寿命数据和设计经验的机械产品寿命指标的实现起到一定的作用,但是由于缺乏对内部故障规律的认知,无法在设计阶段给出优化改进的方向,进而无法有效指导新研制机械产品的长寿命设计。对此,相关学者从故障物理学的角度开展了探索工作。Yin 等[49]针对轮齿接触界面剥落退化机理,采用累积塑性变形及累积损伤理论构建了不同剥落程度的损伤演化模型,并讨论了摩擦系数和扭矩对于剥落寿命的影响。陈魏等[50]提出了适用于低速工况下渐开线圆柱直齿轮齿面黏着磨损的预测模型,并研究了齿面载荷和磨损系数等因素对齿面磨损寿命的影响。徐可宁等[51]提出一种适用于复杂结构微动疲劳全寿命预测方法,并分析了最大拉伸载荷对燕尾榫连接结构微动疲劳裂纹成核寿命及扩展寿命的影响。

上述研究工作通过借助故障物理模型分析关键设计参数对机械产品寿命的影响,进而确定合适设计参数来指导寿命设计。然而,在实际工程中,影响机械产品寿命的因素通常存在多样性,在寿命设计过程中需要综合权衡所有可能的影响因素,给出最优的设计参数组合形式。对此,通常将优化理论引入寿命设计中。Kumar 等[52]针对圆柱滚子轴承的疲劳寿命,综合考虑轴承关键几何参数和修形参数,构建了非线性约束优化模型,并采用遗传算法确定了影响疲劳寿命的关键设计参数及其影响程度。Li 等[53]针对风荷载不确定性影响下的风机传动系统可靠性,通过构建转子叶片空气动力学模型、传动系统动力学模型以及概率接触疲劳失效模型,给出可靠性优化设计方案,并指出通过优化齿形设计参数能够提高齿面接触疲劳的可靠寿命。Das 等[54]采用损伤容限设计思想,针对F-111飞机机翼燃料通风孔的形貌特征,从应力角度入手开展优化设计,并分别以剩余强度和疲劳寿命为设计目标给出了通风孔的不同优化形貌。吕凤鹏等[55]采用遗传算法对旋转向量(RV)减速器转臂轴承进行设计优化,通过将基本额定动载荷设置为目标函数,并给出结构、材料、润滑等约束条件,进而确定了轴承寿命最优的设计参数组合。

此外,设计参数的不确定性同样是影响机械产品寿命的因素之一,其主要表现形式为设计参数的公差。因此,在设计阶段开展面向寿命指标的公差优化设计也是寿命设计的重要环节。然而,目前公差优化设计主要是从成本、质量、性能等方面出发[56-57],而从寿命角度开展公差优化设计的相关研究较少。对此,陈云霞等[58]考虑了在产品加工、装配等制造过程中由公差控制的初始参数分散性,及这些参数在使用过程中的退化特征,将动态可靠度引入公差优化设计中,建立了以产品在全寿命周期内动态可靠度为优化目标的公差优化方法。Verma 等[59]以轴承疲劳寿命为优化目标,考虑到轴承尺寸公差导致的不确定性影响,采用遗传算法计算获得了满足最大疲劳寿命和最小性能波动下的设计参数最优解。赵延明等[60]针对产品在全寿命周期内产品质量的退化过程,构建了基于寿命分布的质量损失模型,并给出了满足质量特征公差的产品寿命分布计算方法。

综上所述,现有基于经验的寿命设计方法已经无法指导机械产品长寿命指标的实现。对此,基于故障物理的寿命设计和分析方法目前正在形成和发展过程中,该方法的成功运用主要依赖于寿命建模的准确性和优化模型的合理性。其中,寿命建模已经取得了显著的成果,相关进展已经在1.1.1节进行了详细的阐述。但是,以寿命为目标的优化建模还处于探索阶段,还未形成一套行之有效的方法论用于指导机械产品寿命设计。

1.1.3 加速试验方案设计相关进展

随着科学技术的发展,机械产品在追求更高性能的同时,也对寿命指标提出了更高的需求。然而,机械产品研制的短周期和低成本目标使得常规应力试验无法有效保证机械产品长寿命指标的实现。对此,加速试验技术作为在时间和成本约束下保证产品长寿命指标实现的有效措施,已经开始在机械产品研制过程中得到推广。然而,由于机械产品的故障机理多样且相互耦合,试验样本少且数据难以获取,试验实施难度大且成本高,因此相关加速试验技术仍面临着一系列的挑战。

纵观国内外对于加速试验技术的相关研究,其内容可以概括为两个主要方面:加速试验方案的优化设计和试验数据的统计分析。

在传统的加速试验优化设计中,确定试验的优化准则通常是试验设计的第一步,常见的加速试验优化设计准则主要包括三类:A-优化(使Fisher信息矩阵的逆矩阵的迹最小)、D-优化(最大化Fisher信息矩阵的行列式值或最小化Fisher信息矩阵的逆矩阵的行列式的值)、V-优化(可靠性指标量的估计值抽样分布的渐进方差最小)[61]。上述三类准则的侧重点有所不同,需要根据所关注的核心指标来选择合适的优化准则。在选择合适的优化准则后,通常假设寿命服从某种分布形式(工程上常用对数正态或威布尔分布形式),确定需要进行加速的敏感应力类型以及相应的加载方式、应力水平数和应力组合形式,然后采用极大似然估计理论将优化准则中的目标表示为Fisher信息阵的函数,选择合适的决策变量并在一定的约束下求解最优的试验方案,其中最为常见的试验设计决策变量为应力水平和样本的分配比例。

根据应力加载方式的不同,加速试验主要可分为恒定应力、步进应力和序进应力加速试验三类,相关的优化设计方法存在一定差异。其中,恒定应力是加速寿命试验中最为常用的应力加载方式。在早期的恒定应力加速寿命试验中,往往考虑等间隔设计应力水平,以及等比例分配样本数量,该设计策略往往会导致加速寿命试验效率低下,评估精度差[62]。对此,Chernoff[63]在假设寿命分布为指数分布情况下,针对完全失效数据与Ⅰ型截尾数据给出其最优的试验设计方案。此外,Nelson[64]、Meeker[65]等针对其他寿命分布形式给出了在恒定应力加速试验下的最优试验设计方案。但是这类试验方案只考虑两个应力水平,在模型不准确时往往不具有稳健性。对此,陈文华等[66]考虑在产品服从威布尔分布且选择定时结尾试验方式时进行恒定应力加速试验的方案优化设计研究。其中,试验应力水平高低、样本分配比例等作为设计变量,中位寿命的估计值的最小方差作为优化目标。Yang[67]针对四应力水平和不等截尾时间,提出了恒应力加速寿命试验方案,该方案对于较低应力水平设置较长的截尾时间,对于较高应力水平设置较短的截尾时间,其同时也证明了四应力水平下的试验方案相较于三应力水平下的试验方案更具稳健性并能缩短试验持续时间。为了更贴切地模拟产品在实际使用中所遭受的多种环境应力的综合影响,考虑多应力类型的加速寿命试验优化设计吸引了国内外学者的广泛关注。Escobar和Meeker[68]在应力之间无交互作用的前提下提出了用于截尾数据的两应力加速寿命试验方案优化设计的方法和准则。Elsayed和Zhang[69]考虑多个应力变量下的加速寿命试验方案优化设计,得到了各应力水平下的最优应力大小和样本分配比例。实际上,多重应力类型和多应力水平下应力组合数急剧增加,这为加速寿命试验的方案设计带来了一定困难。为了克服困难,正交试验、均匀试验等试验设计方法先后被用于确定综合应力加速试验的应力组合[70-71]。此外,Zhu 和 Elsayed[72]考虑利用拉丁方设计方法针对 Ⅰ 型截尾以及 Ⅱ 型截尾进行加速寿命试验方案的优化设计,其结果证明该方法相较于全因子设计具有更高的效率。

为了减少试验时间,近年来步进应力加速寿命试验获得了广泛的关注。由于存在应力改变过程,步进应力加速试验设计中一个重要的问题是如何构建统计模型。通常借助累积损伤模型,将步进应力加速寿命试验的统计信息转化为恒定应力的统计模型。在简单步进应力加速寿命试验中,所有的试验样本都受到两个应力水平的作用。Miller 和 Nelson[73]考虑了指数分布下具有完全失效数据的简单步进应力加速寿命试验优化设计,引入累积损伤模型揭示了步进应力对产品失效概率的影响,并通过最小化产品平均寿命极大似然估计值的渐进方差来获得最优加速寿命试验方案。Bai 等[74]提出了一种考虑多种失效模式同等重要的竞争失效下的最优步进加速寿命试验方案。Khamis 和 Higgins[75]基于二次非线性加速寿命模型研究了三步步进应力加速试验的优化设计,使步进应力加速寿命试验的稳健性得到了显著提高。Yeo 等[76]针对指数分布 Ⅰ 型截尾数据,提出了一个简单的步进应力加速寿命试验方案,并使用目标加速因子将其推广到多个阶段(三个阶段)。Xu 和 Fei[77]将 Escobar 和 Meeker[68]早期的研究工作,进一步扩展到多应力类型下的步进应力加速寿命试验优化方案中,考虑了步进应力的累积损伤模型,进而将模型拓展到步进应力加速寿命试验方案中,并通过最小化特定寿命分位点的极大似然估计值的渐进方差得到最优的试验方案。Ma 和 Meeker[78]考虑了使用威布尔分布、对数正态分布和累积损伤模型得到多应力水平下的步进应力加速寿命试验方案,并通过最小化给定寿命分位点处寿命的极大似然估计值在大样本下的渐进方差得到最优的试验方案。

序进应力加速寿命试验的统计学原理与步进试验类似,但是由于应力水平是连续改变的,因此可以看作是步进应力情形的极限状态,也正是因为应力的连续改变,该类试验在统计模型建立时较为复杂。目前,相关研究成果较少,且主要针对于应力线性增加的情形,也可以称作斜坡试验。对此,Bai 等[79]针对服从逆幂律-威布尔分布模型的产品在定时截尾的简单斜坡试验开展优化设计,并且进一步考虑了比简单斜坡更加复杂的带应力上限的试验优化设计,结果表明该试验虽然具有更高的估计精度,但是也带来了更为复杂的数据折算过程。Liao 和 Elsayed[80]考虑服从对数正态分布的产品进行试验优化设计,将恒定应力的加载方式等效设计为序进应力加速寿命试验,既保证了样本的估计精度,又通过应力加载方式的改变提高了试验效率,节省了成本。Zhu 和 Elsayed[81]提出了最优步进应力和斜坡应力加速寿命试验方案,使得其估计精度与恒定应力加速寿命试验方案相当。

虽然已有不少学者针对加速试验方案设计开展了相关研究，但是目前相关试验方案设计的理论方法主要针对于指数分布、威布尔分布等典型分布类型，并且在面对多应力水平以及多应力类型时，所设计的试验方案通常无法满足机械产品这类小样本的要求。此外，所设计的加速试验方法通常是面向于单一故障模式/机理的部件层，对于存在多机理的部件或整机还缺乏相应的加速试验方案设计的相关理论研究，还需研究面向不同产品层级的加速试验设计方法。对此，现有设计方法的复杂性以及局限性导致其在实际工程应用中面临诸多问题。

1.1.4 问题与挑战

通过对机械产品寿命建模、寿命设计以及试验技术的相关研究进行综述，可以看出现有研究取得了显著的成果。但是，由于机械产品的结构层次复杂、故障机理多样、个体差异显著、试验样本少等特点，导致现有方法还无法满足新一代机械产品长寿命指标设计与实现的技术需求，具体体现在以下几方面：

（1）在寿命建模方面，目前已经形成了基于数据驱动的统计分析方法和基于故障物理的建模分析方法。但是，前者缺乏对导致产品故障的根本原因的分析，无法从根本上解释和分析产品寿命的演变规律，难以实现机械产品的寿命设计要求。后者侧重于对底层机理进行建模，而对于复杂机械产品，刻意规避系统结构层次复杂、单元相互耦合等棘手问题，通常利用"短板"理论将问题简单化，因此缺乏对于复杂系统层面的寿命建模方法的研究，并且通常还忽略了由于个体差异导致的不确定性对于寿命模型的影响，使得所构建的寿命模型无法真实有效反映产品的寿命水平。

（2）在寿命设计方面，相关理论和方法还主要是以经验为主的"黑箱"设计分析方法，这类方法已经无法指导新一代装备机械产品的长寿命指标实现。基于故障物理开展寿命设计的理论和方法还在形成和发展过程中，目前相关研究较少涉及以寿命为目标、对相关设计参数优选以及对不确定性的控制等内容，对此还未形成一套行之有效的寿命设计方法。

（3）在加速试验设计方面，目前相关试验方案设计的理论方法源于电子类产品的相关试验技术，但是由于机械产品受试方式和样本量受限等自身特点，现有文献里所设计的试验方案通常无法适应机械产品这类小样本的要求。此外，目前所设计的加速试验方法通常是面向于单一故障模式/机理的部件层，对于存在多机理的部件或整机还缺乏相应的加速试验方案设计的相关理论研究，还需研究面向不同产品层级的加速试验设计方法。

综上所述,目前急需形成一套面向机械产品长寿命指标要求的寿命设计与试验技术方法,用以应对机械产品在机理分析与建模、寿命设计与分析、寿命试验设计与评价等研发阶段所面临的诸多问题,进而保证新一代装备机械类产品长寿命指标的实现。

1.2 基于可靠性科学原理的寿命内涵

本书所讨论的寿命主要指使用寿命,通常可以描述为产品从交付使用开始,直至无法完成规定功能所经历的全部时间。其中,产品是否能够完成"规定功能"取决于人们为功能留出多少性能裕量,这是产品设计过程中决定的确定性结果。但是,性能裕量并非永恒不变,而是随着产品的持续使用,发生不可避免的退化,当性能裕量达到 0 时所经历的时间即为产品的使用寿命。并且,性能裕量及其退化过程受到内在设计因素和外在环境因素的综合影响,使得产品始终处于动态变化的不确定环境中,导致使用寿命存在不确定性,对于这类不确定性下的使用寿命通常称为可靠寿命。

由此,可以借鉴可靠性科学的三条原理对寿命的内涵进行概述[82]。

原理一(裕量可靠原理):产品的裕量决定了产品的可靠程度;

原理二(退化永恒原理):产品的裕量沿着退化时矢进行退化;

原理三(不确定原理):产品的裕量及其退化过程是不确定的。

上述三个原理,可以用以下三个方程来表述:

$$裕量可靠原理用裕量方程表述: M = G(\boldsymbol{P}, \boldsymbol{P}_{\text{th}}) > 0$$

$$退化永恒原理用退化方程表述: \boldsymbol{P} = F(\boldsymbol{X}, \boldsymbol{Y}, \vec{t})$$

$$不确定原理用度量方程表述: R = \mu(\widetilde{M} > 0)$$

裕量方程对应着裕量可靠原理,它描述了产品性能裕量的大小和故障的判据。在裕量方程中,性能阈值 $\boldsymbol{P}_{\text{th}}$ 描述了人们对产品规定功能的要求,所以性能裕量本质上就是性能参数 $\boldsymbol{P}$ 与性能阈值 $\boldsymbol{P}_{\text{th}}$ 之间的某种距离。我们将普遍意义的性能裕量 M 作为产品可靠的基础。

退化方程对应着退化永恒原理,它描述了产品确定性的退化规律。该方程中,产品性能参数向量 $\boldsymbol{P}$ 是系统内在属性 $\boldsymbol{X}$(如尺寸、材料等)、系统外在属性 $\boldsymbol{Y}$(如工作应力、环境应力等)、时间 $\vec{t}$ 的函数。需要特别指出的是:时间 $\vec{t}$ 在这里是退化时矢,$\vec{t}$ 上的箭头表示时间具有方向性,因此性能的退化是一个不可逆的过程。当受退化影响,性能裕量 M 达到 0 时所经历的时间即为产品的使用寿命。

度量方程对应着不确定原理,它描述了我们对于裕量方程和退化方程中不确定性的量化。这里的不确定性包括以下三个方面：①退化方程 P 中的内在属性 X 和外在属性 Y 等参数存在着不确定性；②退化方程 P 在退化时矢 $\vec{t}$ 上存在着不确定性；③裕量方程中的性能阈值 P_{th} 存在着不确定性。在度量方程中，用某种数学测度 μ 来度量考虑了上述三个方面不确定性的性能裕量大于 0（即 $M>0$）这一事件，从而给出产品的可靠度 R。若给定了可靠度指标，则产品退化至该可靠度下的寿命即为可靠寿命。

可靠性科学原理的三个基本原理与三个方程，从科学角度阐释了寿命的内涵，对此，机械产品寿命设计与试验技术方法可以在可靠性科学原理的指导下，结合退化方程、裕量方程和度量方程，通过认知产品确定性的退化规律，以及内在属性、外在属性和性能阈值的不确定性特征，实现对确定性的优化和对不确定性的控制，进而保证新一代机械产品长寿命指标的实现。

1.3 本书的基本内容及结构

针对当前机械产品寿命设计与试验中存在的诸多问题，本书立足于可靠性科学原理，以故障学为基础理论，充分考虑机械产品的结构、功能等设计特性以及所处环境特征，针对机械产品在机理分析与建模、寿命设计与分析、寿命试验设计与评价等研发阶段可能存在的一系列问题，形成一套比较完整的技术解决方案，即机械产品寿命设计与试验技术理论框架。该框架主要包括三个方面的内容：①底层故障机理分析与建模，是寿命设计与试验开展的理论基础；②寿命设计与分析，属于寿命指标实现的核心与关键；③寿命试验设计与评价，属于寿命指标的最终考核。该框架的提出为实现新一代装备机械类产品的长寿命指标提供了一种科学合理的理论途径和技术思路。

本书第 2 章~第 7 章是对机械产品寿命设计与试验技术方法的具体阐述，其基本内容及结构如图 1.1 所示，具体如下：

第 2 章将给出两类故障机理分析方法，分别为基于结构分解的故障机理分析方法和基于故障模式演绎的故障机理分析方法。这两类方法能够帮助辨识机械产品在寿命周期内所有可能的故障机理，进而为后续产品寿命设计与试验的开展奠定基础。

第 3 章主要介绍故障机理建模方法，针对单一故障机理以及多机理耦合特性，重点概括并提炼了关于故障机理的几类建模方法，并且对机械产品典型故障机理及现有相关机理模型进行了简要介绍，进而为故障机理建模提供方法论层面的理论指导。

第 4 章主要讨论寿命仿真分析方法。本章将通过累积损伤原理，利用数字样机模型和故障机理模型对机械产品寿命开展仿真预测与分析,进而为后续寿命设计、试验与评价奠定基础。

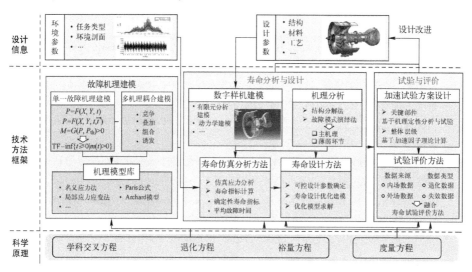

图 1.1 机械产品寿命设计与试验技术框架

第 5 章将在寿命仿真分析的基础上讨论寿命设计方法。本章主要借助工程优化理论及设计优化算法,通过构建并求解寿命设计优化模型来辨识最优设计参数,进而为实现并提升机械产品长寿命指标提供量化指导依据。

第 6 章和第 7 章主要介绍加速试验设计与评价方法。第 6 章将针对机械产品的不同结构层次,分别给出面向关键部件和面向整体层级的加速试验方案设计基本流程。第 7 章将基于加速试验数据以及相关外场试验数据,给出寿命试验评价方法。由此,针对试验与评价过程中暴露的问题,为机械产品的设计改进提供指导意见。

经过上述几章的探讨,本书将较为完整地构建出机械产品寿命设计与试验技术理论框架和方法体系。该技术理论能够很好地满足机械产品在设计研制阶段寿命指标的有效设计与定量评价的需求,对于提升我国机械制造业的自主创新能力和国际竞争力具有重要价值。

参考文献

[1] 杨圆鉴. 基于退化模型的机械产品可靠性评估方法研究[D]. 成都:电子科技大学,2016.

[2] 秦海勤,徐可君,江龙平. 基于威布尔分布法的某型发动机 MTBF 计算[J]. 燃气轮机技术,2006(3):40-43.

[3] 贾祥,王小林,郭波. 极少失效数据和无失效数据的可靠性评估[J]. 机械工程学报, 2016,52(2):182-188.

[4] 茆诗松,罗朝斌. 无失效数据的可靠性分析[J]. 数理统计与应用概率,1989,4(4): 489-506.

[5] MARTZ H F,WALLER R A. A Bayesian zero-failure reliability demonstration testing procedure[J]. Journal of Quality Technology,1979,11(3):128-137.

[6] 蔡忠义,陈云翔,项华春,等. 基于无失效数据的加权 E-Bayes 可靠性评估方法[J]. 系统工程与电子技术,2015,37(1):219-223.

[7] 胡文林,吕卫民. 引入失效情形下某型液压电机可靠性分析[J]. 北京航空航天大学学报,2020,46(10):1941-1947.

[8] 赵权,葛红娟,张璐,等. 有替换 I 型截尾试验无失效时设备可靠性分析[J]. 北京航空航天大学学报,2018,44(6):1246-1252.

[9] GERTSBAKH I B, KORDONSKY K B. Models of Failure[M]. New York:Springer-Verlag,1969.

[10] BAUSSARON J,MIHAELA B,LÉO G,et al. Reliability assessment based on degradation measurements:How to compare some models? [J]. Reliability Engineeringand System Safety,2014,131:236-241.

[11] GEBRAEEL N Z,LAWLEY M A,LI R,et al. Residual-life distributions from component degradation signals:A Bayesian approach[J]. IIE Transactions,2005,37(6):543-557.

[12] LU C J,MEEKER W Q. Using degradation measures to estimate a time-to-failure distribution[J]. Technometrics,1993,35(2):161-174.

[13] WANG W. A model to determine the optimal critical level and the monitoring intervals in condition-based maintenance[J]. International Journal of Production,2010,38(6):1425-1436.

[14] GEBRAEEL N,ELWANY A,PAN J. Residual life predictions in the absence of prior degradation knowledge[J]. IEEE Transactions on Reliability,2009,58(1):106-117.

[15] YE Z,CHEN N,SHEN Y. A new class of Wiener process models for degradation analysis[J]. Reliability Engineering and System Safety,2015,139:58-67.

[16] 张云,姜楠,王立平. 基于 Wiener 过程的数控转台极小子样可靠性分析[J]. 清华大学学报:自然科学版,2019,59(2):91-95.

[17] NOORTWIJK J M V. A survey of the application of gamma processes in maintenance[J]. Reliability Engineering and System Safety,2009,94(1):2-21.

[18] PARK C,PADGETT W J. Accelerated degradation models for failure based on geometric brownian motion and Gamma processes[J]. Lifetime Data Analysis,2005,11(4):511-527.

[19] FROSTIG E,KENZIN M. Availability of inspected systems subject to shocks - A matrix algorithmic approach[J]. European Journal of Operational Research,2009,193(1):168-183.

[20] QIN H,ZHANG S,ZHOU W. Inverse Gaussian process-based corrosion growth modeling and its application in the reliability analysis for energy pipelines[J]. 结构与土木工程前

沿:英文版,2013,7(3):276-287.

[21] COFFIN L F J. A study of the effects of cyclic thermal stresses on a ductile metal[J]. Transactions of the American Society of Mechanical Engineers,1954,76:931-950.

[22] CRUZADO A,LUCARINI S,LLORCA J,et al. Microstructure-based fatigue life model of metallic alloys with bilinear Coffin-Manson behavior[J]. International Journal of Fatigue, 2017,107:40-48.

[23] LI S L,XIE X,CHENG C,et al. A modified Coffin-Manson model for ultra-low cycle fatigue fracture of structural steels considering the effect of stress triaxiality[J]. Engineering Fracture Mechanics,2020,237:107223.

[24] CUI W. A state-of-the-art review on fatigue life prediction methods for metal structures [J]. Journal of Marine Science and Technology,2002,7(1):43-56.

[25] PARIS P,ERDOGAN F. A Critical analysis of crack growth laws[J]. Journal of Basic Engineering,Transaction of the ASME,1963,85:528-534.

[26] FORMAN R G,KEARNEY V E,Engle R M. Numerical analysis of crack propagation in cyclic loaded structure[J]. Journal of Basic Engineering,1967,89(3):459-464.

[27] PRIDDLE E K. High cycle fatigue crack propagation under random and constant amplitude loadings[J]. International Journal of Pressure Vessels and Piping,1976,4(2):89-117.

[28] 陈传尧. 疲劳与断裂[M]. 武汉:华中科技大学出版社,2001.

[29] ARCHARD J F. Contact and rubbing of flat surface[J]. Journal of Applied Physics,1953, 24(8):981-988.

[30] MENG H C,LUDEMA K C. Wear models and predictive equations:their form and content [J]. Wear,1995(2):443-457.

[31] 龚文俊. 基于分形理论的接触界面滑动-冲击耦合磨损模型研究[D]. 北京:北京航空航天大学,2019.

[32] ARRHENIUS S A. Über die Dissociationswärme und den Einfluß der Temperatur auf den Dissociationsgrad der Elektrolyte[J]. Zeitschrift für Physikalische Chemie,1889,4: 96-116.

[33] CELINA M,GILLEN K T,ASSINK R A. Accelerated aging and lifetime prediction:Review of non-Arrhenius behaviour due to two competing processes[J]. Polymer Degradation and Stability,2005,90(3):395-404.

[34] 刘巧斌,史文库,刘鹤龙,等. 基于步进应力加速老化和改进 Arrhenius 模型的橡胶贮存寿命预测[J]. 国防科技大学学报. 2019,41(5):56-61.

[35] ZENG Z,KANG R,CHEN Y X. A physics-of-failure-based approach for failure behavior modeling:with a focus on failure collaborations[C]//Annual European Safety and Reliability Conference (ESREL),Wrocław,Poland:ESRA,2014:1-7.

[36] ZENG Z G,CHEN Y X,KANG R. Failure behavior modeling:towards a better characterization of product failures[C]//4th IEEE Conference on Prognostics and System Health Management (PHM),Milan,Italy:IEEE,2013:571-576.

[37] WEI R P,SIMMONS G W. Recent progress in understanding environment assisted fatigue crack growth[J]. International Journal of Fracture,1981,17:235-247.

[38] AUSTEN I M,MCINTYRE P. Corrosion fatigue of high-strength steel in low-pressure hydrogen gas[J]. Metal Science,1979,13(7):420-428.

[39] 张庆. 铝合金蠕变-疲劳耦合特性研究及其在柴油机活塞寿命预测中的应用[D]. 北京:北京理工大学,2015.

[40] 张心响. 椭球形微孔洞对疲劳裂纹萌生影响的研究[D]. 秦皇岛:燕山大学,2013.

[41] 马洪义,谢里阳. 基于系统 PSN 曲线的齿轮箱疲劳可靠度评估[J]. 北京航空航天大学学报,2018,44(5):975-981.

[42] 谢里阳. 机械可靠性理论、方法及模型中若干问题评述[J]. 机械工程学报,2014,50(14):27-35.

[43] ZHAO F,TIAN Z,ZENG Y. Uncertainty quantification in gear remaining useful life prediction through an integrated prognostics method[J]. IEEE Transactions on Reliability,2013,62(1):146-159.

[44] 谢联先. 机械零件的承载能力和强度计算[M]. 北京:机械工业出版社,1984.

[45] 尹土邦. 基于载荷谱的航空发动机传动齿轮疲劳寿命研究[D]. 沈阳:沈阳航空航天大学,2012.

[46] 王祝新. 圆柱齿轮减速器优化与抗疲劳设计[D]. 郑州:郑州大学,2017.

[47] 莫海军,蓝民华,杨林丰. 机械零件设计有关寿命问题的研究[J]. 机电工程技术,2009,38(8):93-96.

[48] 全国齿轮标准化技术委员会. 直齿轮和斜齿轮承载能力计算 第2部分:齿面接触强度(点蚀)计算:GB/T ISO 3480.2—2021[S]. 北京:中国标准出版社,2019.

[49] YIN Y,CHEN Y X,LIU L. Lifetime prediction for the subsurface crack propagation using three-dimensional dynamic FEA model[J]. Mechanical Systems and Signal Processing,2017,87:54-70.

[50] 陈魏,雷雨龙,李兴忠,等. 低速工况下渐开线圆柱直齿轮齿面粘着磨损计算[J]. 吉林大学学报(工学版),2021,51(5):1628-1634.

[51] 徐可宁,李雯,黄勇,等. 燕尾榫连接结构微动疲劳全寿命预测方法[J]. 北京航空航天大学学报,46(10):1890-1898.

[52] KUMAR K S,TIWARI R,PRASAD P V V N. An optimum design of crowned cylindrical roller bearings using genetic algorithms[J]. Journal of Mechanical Design,2009,131(5):051011.

[53] LI H X,CHO H,Sugiyama H,et al. Reliability-based design optimization of wind turbine drivetrain with integrated multibody gear dynamics simulation considering wind load uncertainty[J]. Structural and Multidisciplinary Optimization,2017,56(1):183-201.

[54] DAS R,JONES R. Damage tolerance based design optimization of a fuel flow vent hole in an aircraft structure[J]. Structural and Multidisciplinary Optimization,2009,38(3):245-265.

[55] 吕凤鹏,李朝阳,黄健,等. RV 减速器转臂轴承的优化设计[J]. 中国机械工程,

2020,31(9),1043-1048.

[56] YE B,SALUSTRI F A. Simultaneous tolerance synthesis for manufacturing and quality[J]. Research in Engineering Design,2003,14(2):98-106.

[57] 吕程,刘子建,艾彦迪,等. 多公差耦合装配结合面误差建模与公差优化设计[J]. 机械工程学报,2015,51(18):108-118.

[58] 陈云霞,刘耀松,井海龙. 一种基于动态可靠度的齿轮系统公差优化计算方法:201611139447.2[P]. 2016-12-12.

[59] VERMA S K,TIWARI R. Robust optimum design of tapered roller bearings based on maximization of fatigue life using evolutionary algorithm[J]. Mechanism and Machine Theory,2020,152:103894.

[60] 赵延明,刘德顺,曾磊,等. 基于服役寿命分布的产品质量损失建模[J]. 机械工程学报,2012,48(20):182-191.

[61] 陈文华,贺青川,潘俊,等. 机械产品可靠性试验技术研究现状与展望[J]. 中国机械工程,2020,31(1):72-82.

[62] XU H Y,FEI H L. Planning step-stress accelerated life tests with two experimental variables[J]. IEEE Transactions on Reliability,2007,56(3):569-579.

[63] CHERNOFF H. Optimal accelerated life designs for estimation[J]. Technometrics,1962,4(3):381-408.

[64] NELSON W,KIELPINSKI T J. Theory for optimum censored accelerated life tests for normal and lognormal life distributions[J]. Technometrics,1976,18(1):105-114.

[65] MEEKER W Q,NELSON W. Optimum accelerated life-tests for the Weibull and extreme value distributions[J]. IEEE Transactions on Reliability,1975,24(5):321-332.

[66] 陈文华,程耀东. 威布尔分布下恒定应力加速寿命试验方案的优化设计[J]. 浙江大学学报(工学版),1999,33(4):337-342.

[67] YANG G B. Optimum constant-stress accelerated life-test plans[J]. IEEE Transactions on Reliability,1994,43(4):575-581.

[68] ESCOBAR L A,MEEKER W Q. Planning accelerating life tests with two or more experimental factors[J]. Technometrics,1995,37(4):411-427.

[69] ELSAYED E A,ZHANG H. Design of PH-based accelerated life testing under multiple-stress-type[J]. Reliability Engineering and System Safety,2007,92(3):286-292.

[70] 陈文华,冯红艺,钱萍,等. 综合应力加速寿命试验方案优化设计理论与方法[J]. 机械工程学报,2006,42(12):101-105.

[71] CHEN W H,GAO L,LIU J,et al. Optimal design of multiple stress constant accelerated life test plan on the non-rectangle test region[J]. Chinese Journal of Mechanical Engineering,2012,25(6):1231-1237.

[72] ZHU Y,ELSAYED E A. Design of accelerated life testing plans under multiple stresses[J]. Naval Research Logistics,2013,60(6):468-478.

[73] MILLER R,NELSON W. Optimum simple step-stress plans for accelerated life testing[J].

IEEE Transactions on Reliability,1983,32(1):59-65.

[74] BAI D S,CHUN Y R,KIM J G. Failure-censored accelerated life test sampling plans for Weibull distribution under expected test time constraint[J]. Reliability Engineering and System Safety,1995,50(1):61-68.

[75] KHAMIS I H,HIGGINS J J. Optimum 3-step step-stress tests[J]. IEEE Transactions on Reliability,1996,45(2):341-345.

[76] YEO K P,TANG L C. Planning step-stress life-test with a target acceleration-factor[J]. IEEE Transactions on Reliability,1999,48(1):61-67.

[77] XU H Y,FEI H L. Planning step-stress accelerated life tests with two experimental variables[J]. IEEE Transactions on Reliability,2007,56(3):569-579.

[78] MA H,MEEKER W Q. Optimum step-stress accelerated life test plans for log-location-scale distributions[J]. Naval Research Logistics,2008,55(6):551-562.

[79] BAI D S,CHA M S,CHUNG S W. Optimum simple ramp-tests for the Weibull distribution and type-I censoring[J]. IEEE Transactions on Reliability,1992,41(3):407-413.

[80] LIAO H,ELSAYED E A. Equivalent accelerated life testing plans for log-location-scale distributions[J]. Naval Research Logistics,2010,57(5):472-488.

[81] ZHU Y,ELSAYED E A. Design of equivalent accelerated life testing plans under different stress applications[J]. Quality Technology and Quantitative Management,2011,8(4):463-478.

[82] 康锐. 确信可靠性理论与方法[M]. 北京:国防工业出版社,2019.

第 2 章

故障机理分析方法

故障是指产品或产品的一部分不能或将不能完成规定功能的事件或状态。故障机理表述了故障在达到表面化之前,其内部的形成、演化过程及其因果原理,是形成故障的根本原因。全面辨识产品在寿命周期内所有可能的故障机理,才能从原理上为后续产品寿命设计与试验的开展奠定基础。但是,由于产品结构功能以及所处环境的复杂性,导致故障机理多样且不易辨识,因此,本章在现有研究成果基础上,总结形成了两类故障机理分析方法,即基于结构分解的故障机理分析方法和基于故障模式演绎的故障机理分析方法。前者通过将产品结构分解至底层单元,分析各个单元的局部受载状态以及潜在的故障机理;后者从产品整体出发,通过对所有可能的故障模式进行演绎,辨识出可能的故障机理。此外,本章分别通过两个应用案例说明上述两类方法的具体实施过程。

2.1 寿命周期载荷谱确定

机械产品的寿命水平与其在全寿命周期内所经历的载荷状态密切相关。确定产品的寿命周期载荷谱是开展机械产品的故障机理分析及后续寿命设计分析和试验评价的基础。

2.1.1 剖面分析

1. 寿命周期剖面

寿命周期剖面是对产品从生产交付到寿命终结(或退出使用)所经历的全部事件和环境的时序描述。它涉及产品在整个寿命期内的所有重要事件(如装卸、运输、储存、检测、贮存、维修、部署、执行任务等)以及每个事件的顺序、持续时间、环境和工作方式[1]。通常可将产品的寿命周期剖面分为配置/出厂和使用两个阶段(见图 2.1)。

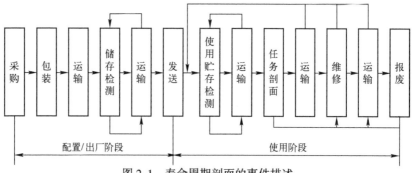

图 2.1 寿命周期剖面的事件描述

在寿命周期剖面内对于机械产品而言,有部分事件可能处于非任务阶段,但是在非任务期内由于配置/出厂阶段的装卸、运输、储存,以及使用阶段的长期贮存等所受到的工作应力和环境应力长时间作用同样会严重影响产品的寿命水平。因此,在开展寿命设计分析和试验评价过程中,必须将寿命周期剖面中的非任务期内的状态考虑进去。

2. 任务剖面

任务剖面是指产品在完成规定任务时间内所经历的事件和环境的时序描述,是产品寿命周期剖面的一部分。通常情况下,机械产品在整个寿命周期内可能需要执行一种或者多种任务,相应地也存在一种或多种任务剖面。因此,需要对每个任务剖面分别进行描述。同时,每一个任务剖面又是由多个任务阶段组成的,且每一个任务阶段又可能包含不同的工作和环境条件(在不同的任务阶段,载荷类型和量级都有可能不同),为此均需要进行逐段说明或描述。例如,某型飞机完成投弹的任务剖面中包含了起飞爬升、巡航、俯冲投弹、降落等多个任务阶段,这些任务阶段对应的飞行高度、飞行速度等条件均存在显著差异,需要对整个任务剖面进行整理,示例如图 2.2 所示。

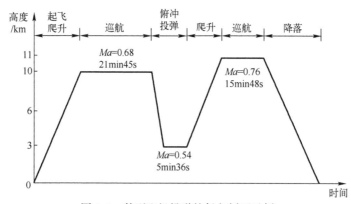

图 2.2 某型飞机投弹的任务剖面示例

针对每一种任务剖面,应分析该产品在任务剖面内各个任务阶段所对应的载荷类型及持续时间历程。例如,图 2.3 为飞机投弹任务剖面所对应的一次飞行(涵盖每个任务阶段)所经受的载荷及时间历程。

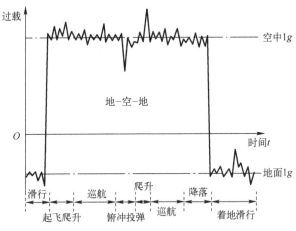

图 2.3 某型飞机投弹任务剖面对应的一次
飞行经受的载荷及时间历程示意图

2.1.2 载荷确定

产品在全寿命周期内会受到来自各种任务剖面的载荷作用,致使产品性能发生持续退化。因此,分析产品在寿命周期过程中所承受的载荷类型是开展故障机理分析的基础。其中,载荷类型可分为环境载荷(如环境温度、湿度、振动等)和工作载荷(如负载力、扭矩、压力、转速等)。表 2.1 列举了机械产品常见的载荷类型及特征。

表 2.1 机械产品常见的载荷类型及特征

作用方式	载荷类型	载荷特征
环境应力	温度循环	高温、低温、高温持续时间、低温持续时间、升温时间、降温时间
	高低温冲击	高温、低温、冲击频率
	湿度	湿度百分比、持续时间
	腐蚀环境	浓度、持续时间
	气压	压强、持续时间
	随机振动	功率谱密度、持续时间

续表

作用方式	载荷类型	载荷特征
工作应力	负载力	负载力大小、方向、作用次数、持续时间
	冲击	加速度、持续时间
	转速	转速、方向、持续时间
	油压	压强、方向、持续时间
	油温	油的类型、温度、持续时间

在不同任务剖面下,产品经历的工作载荷与环境载荷通常存在差异,常以寿命周期载荷谱表示。寿命周期载荷谱描述的是产品在贮存、运输、使用中将会遇到的各种载荷特征参数及其持续时间,主要依据任务剖面确定。载荷谱具体包括应力类型、应力大小、应力作用时机和持续时间。例如,某型飞机投弹的任务剖面所对应的环境载荷谱如图 2.4 所示。

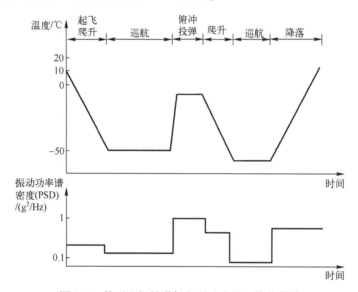

图 2.4 某型飞机投弹任务所对应的环境载荷谱

此外,在寿命周期内,产品并不是以等概率执行各个任务的,因此需要结合实际情况,通过统计分析来确定各个任务剖面的执行占比。对于新研产品,可以结合用户使用需求对未来使用剖面进行调研分析,以确定任务剖面类型和执行占比;也可以参考相似产品的使用经验来确定,还可参考 GJB 899A—2009 或 GJB 150.24A—2009 并结合经验推算得到。同时在产品实际使用过程中,还需要根据实际使用情况的统计记录,对各个任务的执行率进行修正和完善。

2.2 基于结构分解的故障机理分析方法

基于结构分解的故障机理分析方法是通过对产品最低约定层次单元的梳理,以及分析各单元在全寿命周期内所受到的载荷类型,进而确定产品所有可能的潜在耗损型故障机理,并结合机理模型分析故障机理的优先级,最终确定产品的薄弱环节和主机理。这是一种自下而上的分析方法。

2.2.1 机理分析流程

基于结构分解的产品故障机理分析流程如图 2.5 所示。

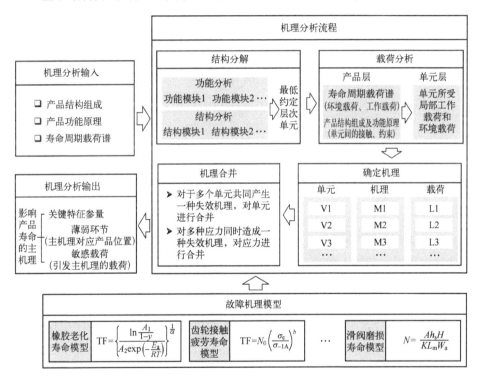

图 2.5　基于结构分解的故障机理分析流程图

1. 结构分解

在开展结构分解前首先需明确产品的结构信息,主要包括产品所有约定层次单元(名称、来源、数量等)及结构层次关系。其中,产品结构信息通常以功能原理图、结构分解图、零件清单等形式提供。

在明确产品结构组成、工作原理及工作特征的基础上,开展产品的结构分解。对于零部件较多的产品,要进行结构层次划分,通常可分为初始约定层次单元、其他约定层次单元、最低约定层次单元(在该层次下单元结构不再进行分解)等,并绘制产品结构层次图,确定机理分析的最低约定层次单元[2]。以某型液压系统为例,其约定层次划分如图2.6所示。本书附录中表1的第二列列举了航空机载产品常见的最低约定层次单元。

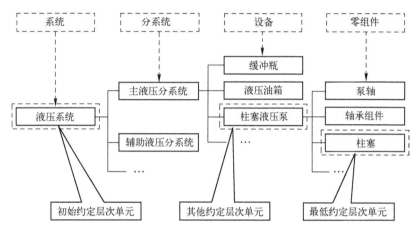

图2.6 某型液压系统约定层次划分的示例

2. 载荷分析

载荷分析的目的在于依据产品的寿命周期载荷谱确定各个最低约定层次单元的局部载荷,并为判断最低约定层次单元可能的故障机理提供依据。开展载荷分析所需要的输入包括以下几方面:

(1)产品的结构分解结果;

(2)产品的功能原理,功能原理主要反映了产品内部单元的功能逻辑关系,如相对运动关系、接触力传递关系、相互约束关系等,通常以功能原理图形式提供;

(3)寿命周期载荷谱。

根据给定的输入条件开展载荷分析。首先,依据所确定的寿命周期载荷谱,分析产品在寿命周期内的工作条件和环境条件,进而确定产品在全寿命周期内所有可能的工作载荷、环境载荷类型及其作用方式。再结合产品的功能原理,分析各个最低约定层次单元及单元之间的接触方式与工作方式,综合确定所有最低约定层次单元的局部工作载荷及环境载荷,具体分析流程如图2.7所示。

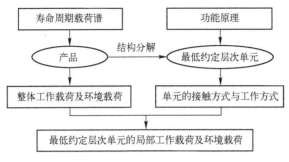

图 2.7 载荷分析流程图

3. 确定机理

在结构分解与载荷分析的基础上,针对最低约定层次单元,考虑所有可能的载荷类型,分析确定最低约定层次单元所有可能的耗损型失效机理。但是,故障机理的确定过程较为复杂,即最低约定层次单元、故障机理及载荷三者存在一对一、一对多、多对一以及多对多等关系[3]。所以,在开展机理分析时,需要构建单元、机理及载荷之间的映射关系,其映射关系形式如图 2.8 所示。从图 2.8 中可以看出,一个单元可能产生多种机理,不同单元也可能产生同一种机理,多种载荷可能同时作用导致一种机理的发生,即使同一种载荷也有可能导致多种机理的发生。正是由于这种复杂的交叉关系,使得故障机理的确定过程更加复杂。

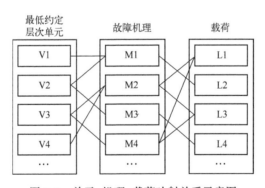

图 2.8 单元-机理-载荷映射关系示意图

因此,故障机理的确定需要基于产品各个最低约定层次单元的布局位置、材料类型、结构特征、运动方式、所受的局部载荷类型与作用方式,同时结合常见机理的定义与判断标准进行综合分析。几类常见机理的判断标准如表 2.2 所列。具体方法是在结构分解与载荷分析的基础上,考虑最低约定层次单元所有可能承受的载荷类型及作用,并结合各类常见机理的定义及判断标准,构建出准确的单元-机理-载荷映射关系,最终分析确定各个最低约定层次单元所有可能的耗损型故障机理。其中,典型航空机载产品零部件的常见机理可参考附录中表1进行确定。

表 2.2　常见机理的判断标准

机理类型	描述对象	判断标准
疲劳	通常针对金属构件	受到交变应力(应变)的持续作用
磨损	摩擦偶件	受到接触力且发生相对运动
老化	通常针对高分子材料	受到环境因素(化学、物理、生物)作用,材料内部物理结构或化学结构发生改变
腐蚀	通常针对金属构件	在周围介质的化学或电化学作用下发生损耗或破坏
蠕变	通常针对金属构件	受到高温和应力的同时作用,其非弹性变形量随时间的延长而缓慢增加
应力松弛	机械弹簧、螺栓紧固件等	受到高温持续作用,在总变形量不变的条件下,其弹性变形随时间的延长不断转变成非弹性变形

4. 机理合并

在分析确定所有最低约定层次单元对应的耗损型故障机理后,可能存在多种载荷引起同一种故障机理或者多个单元相互作用造成同一个故障机理的情况。例如:活塞杆受到缸内油压与外界负载力的综合作用,这两种载荷共同导致了疲劳机理的发生;阀芯与阀套的相互运动才能共同导致磨损机理的发生。因此,需要对所确定的最低约定层次单元的故障机理进行合并。其中,机理合并遵循以下两类原则:

(1) 对引起同一故障机理的不同载荷类型进行机理合并。对于同一个最低约定层次单元,其所受不同载荷类型可能会产生相同的故障机理,可将不同载荷类型所引起的相同故障机理进行机理合并。

(2) 对具有相对运动的最低约定层次单元进行机理合并。具有相同运动的最低约定层次单元的载荷类型通常是相互作用的,由此所确定的机理类型通常也相同,则可将其合并为同一故障机理。

最终将上述分析结果完整填写到机理分析汇总表中,样表可参考表2.3的形式。

表 2.3　机理分析汇总表(样表)

序号	最低约定层次单元（编码）	载荷类型(编码)					机理合并	敏感载荷
		工作载荷			环境载荷			
		载荷1（A）	载荷2（B）	载荷3（C）	载荷4（D）	载荷5（E）		
1	单元1（001）							
2	单元2（002）							
⋮	⋮	⋮	⋮	⋮	⋮	⋮	⋮	⋮

5. 机理综合影响分析

机理综合影响分析的目的是通过对每个可能故障机理的发生频率、严酷度等级进行评价，确定机理风险等级，由此找出对系统影响严重的主机理及对应的薄弱环节。因此，故障机理综合影响分析是根据机理发生频率等级和机理影响严酷度等级综合确定的。

1）机理发生频率等级

针对所确定的所有故障机理，需要确定发生的可能性，并分配相应的机理发生频率等级。确定故障机理可能性的方法如下：

（1）对于过应力型故障机理，在给定的环境和工作条件下，可进行应力分析来分配机理发生频率等级。典型的做法是采用有限元分析（FEA）计算故障部位的应力，并与该部位材料的强度进行对比，用以判断过应力型故障机理是否发生。如果发生，其发生的可能性为"会发生"，否则为"不会发生"。

（2）对于具有物理模型的耗损型故障机理，可分别进行应力分析和损伤计算。通过 FEA 计算相应部位的应力，并结合故障机理模型计算得到故障时间，将计算得到的故障时间与产品的寿命指标进行对比，用以判定机理发生频率等级。

（3）对于无法确定机理模型的故障机理，可利用工程经验、内外场数据（包含相似产品）、可靠性预测手册等获得[4]。

具体的故障发生频率等级划分及其准则可参考表 2.4。

表 2.4　机理发生频率等级划分及其准则

机理发生频率等级	描述	准则
A	经常发生	过应力故障"会发生"或故障时间很短
B	有时发生	故障时间较短
C	偶尔发生	故障时间中等

续表

机理发生频率等级	描 述	准 则
D	很少发生	故障时间较长
E	极少发生	过应力故障"不会发生"或故障时间很长

2）机理影响严酷度等级

机理影响严酷度等级用以度量故障机理引发的相应故障模式对于产品影响的后果等级。它的划分应依据该故障模式对产品最终可能出现的功能丧失、性能退化、损坏以及对人员、环境等造成的危害等方面的影响程度确定。根据机械产品自身特点及使用场景，机理影响严酷度等级的划分标准并不相同，常见的严酷度等级及其定义如表2.5所列。

表2.5 常见的严酷度等级及其定义

严酷度等级	描 述	严酷度定义
Ⅰ	非常高	引起产品的关键功能或主要功能丧失，或对空间环境、工作环境、工作人员造成危害
Ⅱ	高	丧失产品部分主要功能或部分关键功能
Ⅲ	中等或明显	引起产品部分功能丧失，但不影响主要功能的执行
Ⅳ	低或很小	引起产品的性能降低或非计划性维护或维修

在进行严酷度定义时要注意以下事项：

（1）严酷度类别是按故障机理造成的最坏潜在后果进行确定的；

（2）严酷度类别仅按故障机理对"初始约定层次"的影响程度进行确定；

（3）严酷度类别划分可能存在多种方法，但是对于同一产品进行机理分析时，其定义应保持一致；

（4）对于采用余度设计、备份工作方式或故障检测与保护的产品，在进行严酷度等级分析时，不考虑这些设计措施，直接分析故障机理对产品造成的最终影响来确定严酷度等级。

3）机理风险等级

根据所确定的机理发生频率等级和机理影响严酷度等级，结合机理综合影响风险矩阵最终可得到机理风险等级。机械产品的机理风险等级通常可分为高、中等和低三级，机理综合影响风险矩阵如表2.6所列。

表 2.6 机理综合影响风险矩阵

综合影响风险等级		发生频率等级				
		A	B	C	D	E
严酷度等级	Ⅰ	高	高	高	中等	中等
	Ⅱ	高	高	中等	中等	低
	Ⅲ	高	中等	中等	低	低
	Ⅳ	中等	中等	低	低	低

6. 主机理和薄弱环节的确定

结合机理综合影响分析结果,将机理风险等级处于中等以上的机理确定为影响产品寿命的主机理,主机理对应的最低约定层次单元认为是该产品的薄弱环节,引发主机理的载荷类型称为敏感载荷。

7. 关键特征参数分析

关键特征参数分析是指为故障检测提供检测对象[5]。机械产品关键特征参数的确定,首先根据机理综合影响分析的结果确定主机理,然后确定影响产品故障的主要应力条件,并结合产品具体性能、结构特点及应力条件参数的可检测性,最终确定故障检测阶段需检测的主要参数。因此,关键特征参数应具有以下特征:

(1) 特征参数的变动对系统功能、性能的影响较大,具有高灵敏度。

(2) 特征参数变异的可能性较大,其稳定性较差。

(3) 特征参数便于进行检测。

2.2.2 应用案例

本节以某航空机载机械备份作动器为案例,介绍基于结构分解的故障机理分析方法的综合应用。

1. 产品信息

某型机械备份作动器是调节放气活门开启程度的执行机构,其功能是通过接收来自中央计算机的控制指令,采用机械液压装置的液压油压力控制放气活门的开启程度,从而达到最佳的喘振余度,防止所在系统发生喘振现象,使其更稳定地工作。

该作动器的产品信息如下:

(1) 寿命指标要求:

① 总寿命指标[24000h(飞行小时)/12000 次飞行起落/24 年];

② 首翻期指标[6000h(飞行小时)/3000 次飞行起落/6 年]。

(2) 寿命周期载荷谱:

① 全寿命周期载荷谱,具体信息如表 2.7 所列;

② 首翻期对应的常规应力载荷谱,具体信息如表2.8所列,对应的油温及环境温度剖面如图2.9所示。

表2.7 全寿命周期载荷谱(对应总寿命指标)

序 号	载 荷	工作行程	循环次数
1	0%	100%	8000
2	50%	100%	16000
3	90%	75%	40000
4	50%	50%	200000
5	10%	10%	480000
6	5%	2%	3200000

表2.8 常规应力载荷谱(对应首翻期指标)

序 号	载 荷	工作行程	循环次数
1	0%	100%	2000
2	50%	100%	4000
3	90%	75%	10000
4	50%	50%	50000
5	10%	10%	120000
6	5%	2%	800000

2. 结构分解

该作动器共包括1个集成控制阀组件、1个反馈杆组件和2个作动筒组件。结合作动器的结构组成、工作原理及工作特性等方面的相关信息进行结构分解,分为初始约定层次单元(作动器)、其他约定层次单元(例如筒体组件、接头组件等)、最低约定层次单元(例如筒体、接头、密封圈、皮碗、接头螺栓、关节轴承等),并绘制产品结构层次图。为了便于规范描述,采用统一数字对各个约定层次单元进行编号。在本案例中,作动器的结构分解结果(仅列举部分结果)如图2.10所示。

3. 载荷分析

根据该作动器所受的寿命周期载荷谱,确定工作载荷类型及环境载荷类型。再依据作动器的工作原理,分析各个最低约定层次单元及单元间的接触方式与工作方式,综合确定各个最低约定层次单元的局部载荷类型。下面以筒体为例对载荷分析过程进行说明。

筒体作为作动器的外壳,主要起结构支撑作用,其内部充满液压油,通过液压油驱动活塞头运动,活塞头通过活塞杆与负载连接,在工作过程中筒体与活塞头密封槽中处于压缩状态的保护圈存在相对运动,结合产品所受工作载荷与环境载荷类型,分析确定筒体在寿命周期内所受的工作载荷包括负载力、油压、频率、油温、行程,环境载荷包括环境温度和振动。

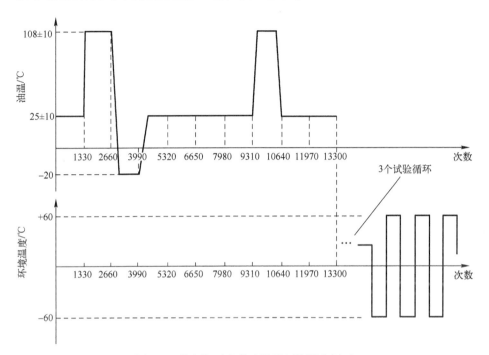

图 2.9 首翻期对应的油温及环境温度剖面

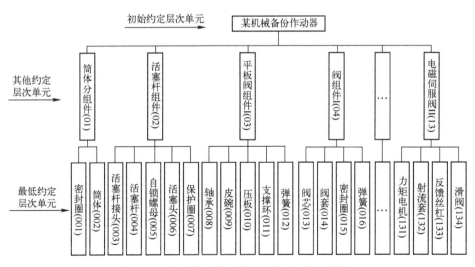

图 2.10 某型作动筒结构分解结果(部分结果)

参照筒体的载荷分析过程,依次对其他最低约定层次单元开展分析。分析确定该作动筒在全寿命周期内的工作载荷共有 5 种,即负载力、油压、频率、油温、行程;环境载荷有 2 种,即环境温度和振动,并采用统一字母对载荷类型进行编码。作动器各最低约定层次单元相应的载荷分析汇总如表 2.9 所列。

表 2.9 载荷分析汇总表

序号	最低约定层次单元	工作载荷					环境载荷	
1	密封圈 (001)	—	油压 (B)	—	—	油温 (E)	环境温度 (F)	振动 (G)
2	筒体 (002)	负载力 (A)	油压 (B)	行程 (C)	频率 (D)	油温 (E)	环境温度 (F)	振动 (G)
3	活塞杆接头 (003)	负载力 (A)	—	—	频率 (D)	—	环境温度 (F)	振动 (G)
4	活塞杆 (004)	负载力 (A)	油压 (B)	行程 (C)	频率 (D)	油温 (E)	环境温度 (F)	振动 (G)
5	自锁螺母 (005)	负载力 (A)	油压 (B)	—	频率 (D)	油温 (E)	—	振动 (G)
6	活塞头 (006)	负载力 (A)	油压 (B)	行程 (C)	频率 (D)	油温 (E)	—	振动 (G)
7	保护圈 (007)	—	油压 (B)	行程 (C)	频率 (D)	油温 (E)	环境温度 (F)	振动 (G)
…	…	…	…	…	…	…	…	…

4. 确定机理

在结构分解和载荷分析的基础上,考虑最低约定层次单元所有可能承受的载荷类型及作用方式,分析确定各个单元所有可能的故障机理。同样以作动器的筒体为例,对故障机理的确定过程进行说明。

根据载荷分析结果可知,筒体受到的工作载荷包括负载力、油压、行程、频率、油温,环境载荷包括环境温度和振动。其中,负载力、油压、频率和外界振动在全寿命周期内是随时间变化的,认为这四种载荷为交变载荷,存在疲劳机理。此外,由于筒体与活塞头密封槽中处于压缩状态的保护圈存在相对运动,并且保护圈存在预紧力,会对筒体产生法向载荷,因此筒体与保护圈均存在磨损机理。综合分析可确定筒体共存在疲劳和磨损两种机理。依次对其他最低约定层次单元进行机理分析,确定所有可能的故障机理,汇总至表 2.10 中的第 1~9 列。

5. 机理合并

依据 2.2.1 节定义的机理合并原则,对所确定的所有故障机理进行机理合并,最终可得到该作动器的机理合并结果,如表 2.10 中的最后一列所示。

表 2.10 某型作动筒机理分析汇总表

序号	最低约定层次单元名称（编码）	工作载荷				环境载荷		机理合并结果
		负载力(A)	油压(B)	行程(C)	频率(D)	油温(E)	环境温度(F)	振动(G)	
1	密封圈(001)	—	老化(001B)	—	—	老化(001E)	老化(001F)	—	老化(001BEF)
2	筒体(002)	疲劳(002A)	疲劳(002B) 磨损(002B)	磨损(002C)	疲劳(002D) 磨损(002D)	磨损(002E)	—	疲劳(002G)	磨损(0020007BCDE) 疲劳(002ABDG)
3	活塞杆接头(003)	疲劳(003A)	—	—	疲劳(003D)	—	—	疲劳(003G)	疲劳(003ADG)
4	活塞杆(004)	疲劳(004A)	疲劳(004B) 磨损(004B)	磨损(004C)	疲劳(004D) 磨损(004D)	磨损(004E)	—	疲劳(004G)	疲劳(004ABDG) 磨损(004007BCDE)
5	自锁螺母(005)	疲劳(005A)	疲劳(005B)	—	疲劳(005D)	—	—	疲劳(005G)	疲劳(005ABDG)
6	活塞头(006)	疲劳(006A)	疲劳(006B)	—	疲劳(006D)	—	—	疲劳(006G)	疲劳(006ABDG)
7	保护圈(007)	—	磨损(007B) 老化(007B)	磨损(007C)	磨损(007D)	磨损(007E) 老化(007E)	老化(007F)	—	磨损(0020007BCDE) 磨损(004007BCDE) 老化(007BEF)
…	…	…	…	…	…	…	…	…	…

6. 机理综合影响分析

针对表 2.10 中的最后一列最终确定的所有故障机理,采用 2.2.1 节中"5. 机理综合影响分析"给出的方法确定发生频率等级和严酷度等级,并结合机理综合影响风险矩阵(表 2.6)确定各个机理的风险等级,其综合影响分析结果如表 2.11 所示。

表 2.11 机理综合影响分析汇总表

序号	最低约定层次单元	故障机理	敏感载荷	发生频率等级	严酷度等级	风险等级
1	密封圈(001)	老化	油压、油温、环境温度	D	Ⅲ	低
2	筒体(002)	磨损	油压、行程、频率、油温	C	Ⅱ	中等
		疲劳	负载力、油压、频率、振动	B	Ⅱ	高
3	活塞杆接头(003)	疲劳	负载力、频率、振动	C	Ⅱ	中等
4	活塞杆(004)	疲劳	负载力、油压、频率、振动	C	Ⅰ	高
		磨损	油压、行程、频率、油温	B	Ⅱ	高
5	自锁螺母(005)	疲劳	负载力、油压、频率、振动	D	Ⅱ	中等
6	活塞头(006)	疲劳	负载力、油压、频率、振动	D	Ⅲ	低
7	保护圈(007)	磨损	油压、行程、频率、油温	C	Ⅳ	低
		老化	油压、油温、环境温度	B	Ⅲ	中等
…	…	…	…	…	…	…

7. 薄弱环节与主机理

从机理综合影响分析汇总表(表 2.11)中找出机理风险等级处于中等以上的故障机理作为该作动器的主机理(实际工程应用中,主机理可以包含风险等级为"中等"的机理,但在本案例中仅选取风险等级为"高"的作为示例说明),分别是筒体的疲劳机理及活塞杆的疲劳和磨损机理,进而可以确定作动器的薄弱环节及其敏感载荷。最终得到的该作动器主机理分析结果汇总如表 2.12 所示。

表 2.12 某型作动器主机理分析结果汇总表

编号	最低约定层次单元	主机理	薄弱环节	敏感载荷
1	活塞杆	疲劳	活塞杆	负载力、油压、频率、振动
2		磨损	活塞杆与活塞杆接头处的保护圈接触位置	油压、行程、频率、油温
3	筒体	疲劳	筒体与活塞头接触位置	负载力、油压、频率、振动

8. 关键特征参数分析

根据机理综合影响分析的结果确定的主机理,进一步分析主机理所对应的作动器性能特征参数、结构形貌特征参数以及载荷应力参数,结合实际检测条件,确定可检测性的关键特征参数为该作动器的内漏量与外漏量的故障检测。

2.3 基于故障模式演绎的故障机理分析方法

基于故障模式演绎的故障机理分析方法也是当前应用比较普遍的一种机理分析方法,也称为故障模式、机理及影响分析(FMMEA),其主要是通过对产品在寿命周期内可能存在的故障模式开展分析,进而寻找相应的故障原因并定位到所有可能的故障机理,最后通过分析各个故障模式对产品功能和性能的影响,确定产品的薄弱环节和主机理。FMMEA 源于故障模式及影响分析(FMEA),是在 FMEA 的基础上增加了故障机理分析的步骤形成的,因此 FMMEA 能够作为可靠性仿真试验、耐久性仿真试验、加速寿命试验、加速性能退化试验的基础。不同于基于结构分解的故障机理分析方法,该方法是一种自上而下的分析方法。

2.3.1 机理分析流程

基于故障模式演绎的产品故障机理分析流程如图 2.11 所示。

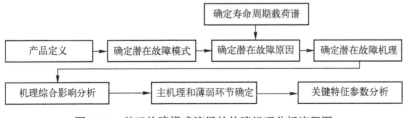

图 2.11 基于故障模式演绎的故障机理分析流程图

1. 产品定义

产品定义的目的是通过分析产品的功能、结构组成、故障判据等,为设计人员有针对性地开展故障模式和故障机理分析提供基础。由于机械产品在执行不同任务中的功能存在时序性,执行时间长短不一,并且产品的结构可能随着持续运行发生变化,因此需要对系统结构功能的时序进行描述,也可通过功能与结构层次图来表示。

2. 潜在故障模式确定

故障模式是指故障的表现形式,通常通过故障发生时的现象进行描述,例如齿轮的轮齿断裂、缸体的油液渗漏等。故障模式分析的目的是找出产品所有可能的故障模式,为后续故障机理分析提供基础。

根据产品结构层次划分,不同层次的故障模式存在因果关系。例如,对于整个发动机而言,故障模式可能是发动机不能启动;对于部件层次,故障模式可能是变速箱有异常响动;对于底层零件,故障模式可能是油管破裂等。因此,需要以整机产品的故障模式作为分析的基础,结合产品定义中的功能分析结果及相关故障判据,依次分析下一约定层次的各单元的故障模式(中间故障模式),直至确定所有最低约定层次单元可能发生的故障模式(底层故障模式)。通常可参照 FMEA 的故障模式获取方法,通过统计、试验、分析、预测和参考相似产品等方法获取产品的故障模式。但是对于不同类型或阶段的产品,故障模式的确定方法存在差异,通常可以概括为以下几方面:

(1) 针对新研制产品,可根据该产品的功能原理和结构特点开展分析与预测,进而确定可能的故障模式,或者以与该产品具有相似功能及结构的产品所发生过的故障模式为基础,分析确定其故障模式。

(2) 针对采用的现有产品,可以该产品在过去使用过程中发生过的故障模式为基础,再根据当前使用环境条件的差异进行分析修正,确定可能的故障模式。

(3) 针对从国外引进的产品,应向外商索取该产品的故障模式,或以相似结构和功能的产品已发生过的故障模式为基础,分析确定其故障模式。

(4) 针对常用零组件产品,可从国内外相关标准或手册中查找确定可能的故障模式。

(5) 如果上述 4 种方法均不能确定故障模式,则可参照典型故障模式的描述判断产品可能的故障模式。

需要注意的是,复杂机械产品通常具有多任务、多功能的特点,在进行故障模式分析时,应该找出该产品在每一个任务剖面、每一个任务阶段、每个功能下所有可能的故障模式。当某一可能发生的故障模式信息无法获得时,潜在故障模式可以通过仿真应力分析、加速试验、以往的经验或工程判断来确定。

3. 潜在故障原因确定

故障原因是指引发故障模式的直接或者间接的原因。故障原因并不等同于故障模式,故障模式是可观察到的故障表现形式,其产生是由于外部环境(应力条件)或事件造成的。而故障原因描述的是由于设计缺陷、制造缺陷和其他外部条件而导致故障的原因。

故障原因可分为引起故障发生的内因和外因。

1) 故障内因

故障内因是指产品由于自身的设计缺陷、制造过程缺陷及性能不够等引起的直接故障原因,通常可分为以下几类:

(1) 产品性能未达到使用要求。例如,产品发生过载(强度设计不够)、低周疲劳(疲劳强度不够)、变形(刚度不够)、蠕变(选材)、腐蚀(耐腐蚀性设计不足)、磨损(硬度设计不够)。

(2) 产品自身材料的缺陷。例如,内部缺陷易导致应力集中,容易发生疲劳和过载失效;组织不均匀、易变形、不协调,容易导致高周疲劳;表面完整性差(材料或加工所致),容易造成局部应力集中;耐腐蚀与磨损性能降低,容易产生高周疲劳、腐蚀、磨损等。

(3) 材料环境适应性较差。例如,材料易发生腐蚀、蠕变、老化失效。

(4) 材料间相容性较差。例如,材料的磨损失效(黏着磨损、磨粒磨损)、金属间化合物扩散等。

2) 故障外因

故障外因是指产品除了自身因素外,由于其他产品故障、环境因素和人为因素等引起的间接故障原因,通常可分为以下几类:

(1) 工作载荷因素,指产品在运行过程中所受到的各类载荷作用,例如液压、气体压力、电流、电压等,并且还要考虑所处的各类任务阶段,例如工作、贮存、运输等。

(2) 外部环境条件,例如,气候环境因素,包括温度(高温环境与低温环境)、温度变化、湿度、太阳辐射等;机械环境因素,包括周期振动、随机振动、冲击(包括自由跌落、倾斜跌落等)、稳态加速度和静态载荷等。

(3) 人为因素,指产品在寿命周期时间内,由于人为误操作、运输、贮存的错误或不当行为造成产品发生超出预期的损伤或耗损。

(4) 意外因素,指产品受到一些不可控因素的影响,例如飞机遭受撞鸟事件,地面产品遭受地震等。

4. 潜在故障机理确定

故障机理的确定是在对潜在故障模式和故障原因综合分析的基础上,结合故障发生的特征,确定相应的故障机理的过程。根据故障是否具有损伤的时间累积效应可以分为过应力型故障机理和耗损型故障机理。

1) 过应力型故障机理

过应力型故障机理是指那些由于应力超过了材料的固有强度极限而导致产品突发故障的机理,该机理不存在损伤的累积过程。常见的过应力型故障机理可以细分为机械、电应力、热应力等类型,并且还包括不同载荷类型相互耦合所对应的综合故障机理。对于过应力型故障机理的分析,主要是从发生过应力的概率的角度来评估该故障机理发生的概率。

2) 耗损型故障机理

耗损型故障机理是指那些由于累积损伤超过了材料的容许极限而导致产品发生故障的机理,这类机理存在损伤的累积过程。例如:材料发生疲劳断裂需要经历一定的载荷循环,从而产生裂纹萌生、扩展和断裂;材料发生磨损故障需要经历摩擦副之间发生一定距离的相对滑动等。常见的耗损型故障机理包括疲劳、磨损、腐蚀、蠕变、老化等。在评价耗损型故障机理的可靠性指标或剩余寿命时,通常是根据零部件的失效判据将故障物理模型转化为剩余寿命计算公式。

通常,故障模式和故障机理存在一定的关联,但并不一一对应。对于相同的故障模式,可能会对应不同的故障机理,例如导致齿轮断齿的机理可能是齿根裂纹疲劳扩展,也可能是由于扭矩过大导致过应力失效;而对于相同的故障机理,也可能表现出不同的故障模式,例如对于齿轮疲劳机理,所引起的故障模式可能是轮齿断裂,也可能是振动信号异常。因此,虽然确定了故障模式,但还需要根据故障模式及相应的故障原因和故障特征推断出故障机理,最后用试验、分析的方法进行验证。

基于所有故障模式确定的潜在故障原因,可以分析确定产品发生该种故障模式相对应的故障机理。其中,磨损类故障模式-原因-机理演绎过程如图 2.12 所示,断裂类的故障模式-原因-机理演绎过程如图 2.13 所示,其他种类的故障模式-原因-机理演绎过程同上述两种过程相似。

在确定所有可能的故障机理后,后续开展的机理综合影响分析、主机理和薄弱环节确定以及关键特征参数分析过程与基于结构分解的故障机理分析方法相同,可参考第 2.2.1 节 5. ~ 7. ,本节不再赘述。

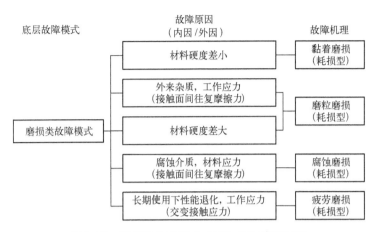

图 2.12 磨损类故障模式-原因-机理演绎过程

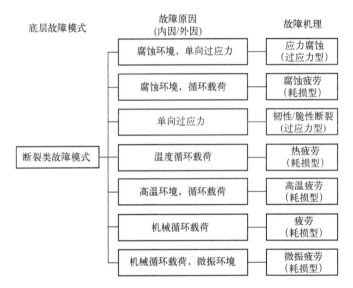

图 2.13 断裂类故障模式-原因-机理演绎过程

2.3.2 应用案例

本节以某型电动助力转向系统为案例,介绍基于故障模式演绎的故障机理分析方法的综合应用。

1. 产品定义

电动助力转向系统主要包括了拉杆总成、滚珠丝杠总成、电机驱动总成以及壳体总成等四个主要组件,其中各个组件还可进一步细分为多个单元结构。转向系统的基本功能是实现汽车行驶方向的改变和保持汽车稳定的行驶路线。

41

从转向系统的工作模式看,转向分非助力转向和助力转向两类。由于在助力转向中存在电机的助力,因此两类工作模式下转向系统的工作原理存在一些差异。

在非助力转向情况下,助力电机不参与转向功能的实现过程,因此其功能框图如图 2.14 所示。具体工作过程如下:

(1)驾驶员给转向盘一个转向操作,带动输入轴及扭杆转动。

(2)由于没有助力过程,因此扭杆与输出轴接触,从而带动输出轴齿轮转动。

(3)齿轮齿条将转动转化为轴向运动,并带动滚珠丝杠轴向运动,从而使车轮转动一定角度。

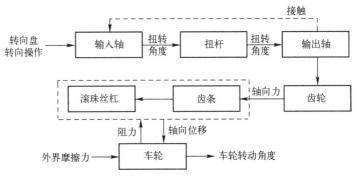

图 2.14 非助力转向的功能框图

在助力转向情况下,助力电机将为转向功能提供助力,因此其功能框图如图 2.15 所示。具体工作过程如下:

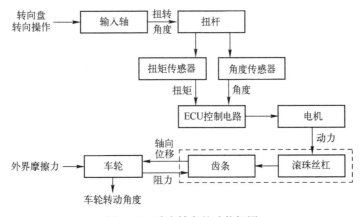

图 2.15 助力转向的功能框图

(1) 驾驶员给转向盘一个转向操作,带动输入轴及扭杆转动。

(2) 扭矩传感器和角度传感器将扭矩信号和角度信号传递给电子控制单元(ECU)控制电路,ECU 组件将根据控制算法驱动电机,此时扭杆不与输出轴接触。

(3) 电机带动滚珠丝杠做轴向运动,并带动齿条做轴向运动,从而使两端车轮转动一个角度。

根据转向系统的结构功能,可绘制其功能层次与结构层次对应图,如图 2.16 所示。

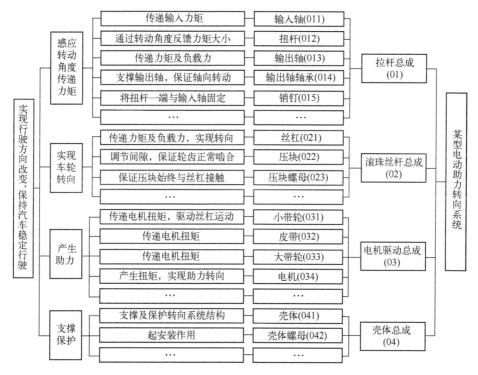

图 2.16　某型电动助力转向系统功能层次与结构层次对应图

2. 确定全寿命周期载荷谱

对于该电动助力转向系统而言,制造、运输等过程在其寿命周期所占比重较小,因此假设这些过程造成的损伤可以忽略,只考虑工作过程中所执行的驾驶状态下转向以及停车状态下打轮这两类任务。由此,转向系统的主要载荷类型包括输入力矩、电机扭矩、负载力、环境温度以及振动,并且根据任务的不同还存在差异。表 2.13 和表 2.14 分别给出了两类任务下不同工况的载荷谱。图 2.17 给出了振动剖面。

表 2.13 驾驶状态下转向的载荷谱

工 况	输入力矩/(N·m)	电机驱动力/N	外载力/N	循环次数
1	30	10000	12500	4000
2	25	8000	11000	6000
3	20	6000	8000	12000
4	10	4000	5500	80000
5	5	2500	4000	120000

表 2.14 停车状态下打轮的载荷谱

工 况	输入力矩/(N·m)	电机驱动力/N	外载力/N	循环次数
1	45	12000	15500	1000
2	30	10000	13000	2000
3	25	8000	11000	6000
4	20	5000	7500	8000

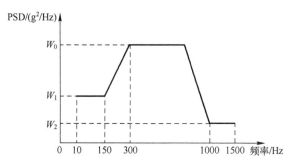

图 2.17 转向系统的振动剖面

3. 潜在故障模式确定

表 2.15 中列出了该电动助力转向系统各单元所有可能的潜在故障模式。例如,对于输入轴,潜在的故障模式包括了转向盘松动和转向盘转动卡滞。

第2章 故障机理分析方法

表 2.15 某型电动助力转向系统 FMMEA 表

产品组成部分	潜在故障模式	潜在故障原因	潜在故障机理	故障机理类型	发生频率等级	机理综合影响分析 严酷度等级	机理综合影响分析 风险等级
输入轴(011)	转向盘松动	输入力矩、行程	磨损	耗损型	D	IV	低
	转向盘转动卡滞	输入力矩、行程	疲劳	耗损型	C	III	中等
扭杆(012)	助力曲线迟滞	输入力矩、电机扭矩、负载力	疲劳	耗损型	C	IV	低
	转向刚度降低	输入力矩、电机扭矩、负载力	疲劳	耗损型	C	III	中等
输出轴(013)	齿轮断裂	冲击载荷	塑性变形	过应力型	E	II	低
	齿面剥落	输入力矩、电机扭矩、负载力	接触疲劳	耗损型	B	II	高
	齿根裂纹	输入力矩、电机扭矩、负载力	疲劳	耗损型	B	IV	高
	转向柔顺性降低	输入力矩、电机扭矩、负载力	磨损	耗损型	C	IV	低
输出轴轴承(014)	转向柔顺性降低	轴承力、转速	磨损	耗损型	D	III	中等
丝杠(021)	齿面剥落	输入力矩、电机扭矩、负载力	接触疲劳	耗损型	C	III	中等
	齿根裂纹	输入力矩、电机扭矩、负载力	疲劳	耗损型	D	II	低
压块(022)	噪声过大	负载力、弹簧弹力	磨损	耗损型	C	IV	中等
小带轮(031)	转向柔顺性降低	输入力矩、电机扭矩	磨损	耗损型	B	III	中等
皮带(032)	皮带断裂	环境温度	老化	耗损型	C	IV	低
大带轮(033)	转向柔顺性降低	输入力矩、电机扭矩	疲劳	耗损型	E	II	中等
	噪声过大	输入力矩、电机扭矩	磨损	耗损型	D	IV	低
...	...	...	...	...	...	III	中等

4. 潜在故障原因确定

依据电动助力转向系统的寿命周期载荷谱及工程经验,分析确定所有潜在故障模式对应的潜在故障原因,填入表 2.15 中。例如,对于输入轴,转向盘转动卡滞的潜在故障原因是输入力矩交替作用导致转向盘往复运动。

5. 潜在故障机理确定

基于上述确定的引起潜在故障模式的故障原因,可以分析确定相应的故障机理。表 2.15 列出了已鉴别出的故障原因所对应的故障机理及其机理类型。例如,对于输入轴导致的转向盘转动卡滞,其故障机理为输入轴上端与转向盘连接处发生磨损,属于耗损型故障机理。

6. 机理综合影响分析

针对最终确定的所有故障机理进行发生频率等级和严酷度等级划分,并结合机理综合影响风险矩阵(表 2.6)确定各个机理的风险等级,其综合影响分析结果如表 2.15 所示。

7. 薄弱环节与主机理

从机理综合影响分析结果中找出机理风险等级处于中等以上的故障机理作为该电动助力转向系统的主机理,即输出轴齿面的接触疲劳机理以及齿根的疲劳机理,进而可以确定转向系统的薄弱环节及其敏感载荷。最终将主机理分析结果汇总得到该转向系统主机理分析结果汇总表,如表 2.16 所示。

表 2.16 某型电动助力转向系统主机理分析结果汇总表

编 号	最低约定层次单元	主机理	薄弱环节	敏感载荷
1	输出轴	接触疲劳	轮齿齿面	输入力矩、电机扭矩、负载力
2	输出轴	疲劳	齿根	输入力矩、电机扭矩、负载力

8. 关键特征参数分析

根据机理综合影响分析的结果确定的主机理,结合转向系统的具体结构特点及应力条件参数的可检测性,确定故障检测阶段的关键特征参数为转向系统的动力学输出响应。

参考文献

[1] 曾声奎. 可靠性设计与分析[M]. 北京:国防工业出版社,2011.
[2] 中国人民解放军总装备部电子信息基础部. 故障模式、影响及危害性分析指南:GJB/

Z 1391—2006[S].北京:北京航空航天大学可靠性工程研究所,2006:4.
[3] 查国清,井海龙,陈云霞,等.基于故障行为模型的产品寿命分析技术[J].北京航空航天大学学报,2016,42(11):2371-2377.
[4] 中国航空综合技术研究所.航空产品故障模式机理及影响分析指南:Q/AVIC 05062—2019[S].北京:中国航空工业集团有限公司可靠性工程技术和管理中心,2019:6.
[5] 唐炜,王玉明.复杂系统关键特征参数确定方法[J].信息与电子工程,2011,9(1):83-86.

第 3 章

故障机理建模方法

机理,是指为实现某一特定功能,一定的系统结构中各要素的内在工作方式以及诸要素在一定环境下相互联系、相互作用的运行规则和原理。因此,故障机理可概括为对故障在环境作用下演化过程的刻画。故障机理建模的目的在于将产品的故障机理演化过程通过数学模型进行描述,方便设计人员掌握产品的故障规律,从而实现对产品寿命的设计与分析。

整个故障机理建模的发展是伴随着故障物理的发展而不断向前推进的。自从 1962 年在美国空军罗姆航空发展中心(RADC)举办的第一次故障物理的专题年会上,科学家正式确定故障物理概念开始,故障机理建模工作已经经历了半个多世纪的发展。从最初针对电子产品发展到涵盖机械、机电等各个领域,相应的建模方法也从最初简单基于故障样本的统计分析发展到从故障形成演化规律的揭示入手。虽然当前故障机理模型的种类和数量不断增加,针对新机理的模型也不断涌现,并且已经基本涵盖了产品的主要故障机理,但是在方法论层面针对故障机理建模的相关研究工作却很少有学者进行归纳整理,很难看到相关文章对此进行相应的总结和系统性的阐述。为此,本章主要在现有研究基础上,针对单一故障机理以及多机理耦合特性,重点概括提炼出关于故障机理的几类建模方法,并且对机械产品典型故障机理及现有相关机理模型进行了简要介绍,进而为故障机理建模提供方法论层面的理论指导。

3.1 单一故障机理建模方法

故障机理模型可以定义为:基于对产品故障机理以及故障根本原因的认知而建立的确定性数学模型。通过故障机理模型可以给出产品在特定故障机理下所对应的寿命与产品自身的几何参数、材料属性参数以及各种环境载荷参数等之间的函数关系式,其一般数学表达式可以表示为

$$TF = M(\boldsymbol{I}, \boldsymbol{E}) \tag{3.1}$$

式中：I 为与产品自身相关的内因参数向量，表示导致该故障机理发生的设计特征参数（如尺寸、材料等）；E 为与产品所处环境相关的外因参数向量，表示导致该故障机理发生的环境载荷或工作载荷；TF 为产品在该故障机理下对应的寿命。通常情况下，单一故障机理建模是在已知物理规律的基础上开展的针对诱发故障机理内、外因参数与产品寿命影响关系的定量化数学建模过程。因此，如何构建两者间的影响关系成为故障机理建模的关键问题。

3.1.1 建模原理

在实际建模过程中，相关性能参数变化通常用来描述故障机理的演化过程，当性能参数退化达到性能阈值时所经历的时间即为故障时间，由此能够以性能参数为中心构建出描述故障时间与故障原因之间关系的故障机理模型。由于故障机理建模过程是在遵循性能参数特性的基础上探寻性能裕量及其退化的最终表征形式，因此可以根据可靠性科学原理中的退化永恒和裕量可靠原理，通过退化模型和裕量模型进行构建，其具体形式可以表示为

$$p(t) = M(I, E, t) \tag{3.2}$$

$$m(t) = G(p(t), p_{th}) \tag{3.3}$$

$$TF = \inf\{t \geqslant 0 \mid m(t) > 0\} \tag{3.4}$$

式中：$p(t)$ 为在该机理影响下性能参数随时间的退化过程；p_{th} 为性能阈值，通常由于机理层的性能参数难以直接观测，导致其获取过程较为复杂，需要根据用户功能需求给定系统层方便可测的性能参数故障判据，并基于机理层到行为层的故障传播模型来确定该性能阈值；$m(t)$ 为在 t 时刻在该机理影响下的性能裕量，描述了该时刻性能参数与性能阈值 p_{th} 的距离，用以判断是否发生故障，若 $m(t)<0$，则故障发生。因此，式（3.2）描述的是受该机理影响的性能参数退化过程，式（3.3）给出了产品在该机理影响下发生故障的判据，由此可以构建出式（3.4），用以确定产品在该机理影响下的寿命 TF。

3.1.2 具体建模过程

基于上述建模原理，相应的建模过程可以分为以下三个步骤：

1）功能、性能分析

功能、性能分析的目的在于确定故障机理模型中受故障机理影响的关键性能参数。功能是指产品具有的特定职能，即系统可发挥的功用和用途。性能则是产品功能实现的内在基础，是产品为执行某项功能所展现出的、可独立测量的能力指标[1]。对于产品寿命而言，产品维持其规定功能的持续时间

可认为是该产品的寿命,因此从性能角度去把握产品寿命是最为直观和有效的方法。

为了判断故障是否发生,还需进一步确定性能参数对应的性能阈值 p_{th}。通常情况下,对于机理层面的性能阈值难以直接观测,对此需要将产品行为层的性能阈值下分到机理层。其中,最为普遍的确定方法是根据产品完成规定功能的要求,结合产品内部物理规律确定系统层相关性能参数与功能间的联系,进而确定为满足功能要求所需的相关性能参数的可行域,从而确定系统层性能参数阈值。在此基础上,借助试验或仿真的手段,结合系统性能与该关键机理之间的故障传播模型,找出引发系统故障时,该机理层面性能参数的临界值,即为性能阈值 p_{th}。

2) 故障原因分析

故障原因分析的目的在于确定可能导致产品发生故障的原因。其中,故障原因可以分为内因和外因。内因主要指与产品自身设计相关的因素,例如材料强度、尺寸偏差、屈服极限等;外因主要指与产品所处环境相关的因素,同时也包含了工作条件,例如温度、振动、负载力等。对故障原因的分析,有助于认清故障机理的形成、演化机制,并且能够确定故障机理模型的关键输入条件。但是,具体故障原因的确定过程,需要大量试验数据收集以及相关工程经验累积才能够保证故障原因分析的准确性。

3) 模型构建

基于上述分析结果,可以构建出相关的故障机理模型,具体建模过程可以概述为以下两个步骤:

(1) 性能参数退化建模。

首先,需要构建出与该故障机理相关的性能参数的退化模型,即式(3.2)。根据是否给出解析型表达式可以分为两类建模过程:解析型建模过程以及经验型建模过程。其中,解析型建模过程是指基于故障的物理、化学等过程,通过理论推导的形式构建数学表达式的过程。这类模型是从故障的本质出发的,因此具有较强的说服力且能准确给出与故障原因的内在关联,但是理论推导过程通常较为困难,在大多数情况下很难获取。因此,当信息不完善或缺乏相应的手段导致故障的物理、化学过程无法明确给出具体数学模型时,可以通过试验数据拟合的方式进行定量化阐述,这类建模方法称为经验型建模过程。由于忽略了故障演化的内在机制,该模型虽然适用性较好,但是只能从数据角度反映故障原因与性能参数间的联系,当数据量不足时存在说服力不足的问题。

(2) 故障机理建模。

在性能参数退化建模的基础上,进一步结合相应的故障判据(即该性能参数的阈值),通过式(3.3)借助性能参数反推出描述故障时间与故障原因关系的故障机理模型,即式(3.4)。

3.1.3 应用案例

下面以啮合齿轮副轮齿表面剥落故障为例,介绍单一故障机理模型的建立过程。

1) 功能、性能分析

现有的接触疲劳剥落理论指出,剥落坑的形成及演化是由于裂纹尖端的累积塑性变形导致的,即由于循环载荷作用,接触层发生累积塑性变形,进而生成微裂纹,随着塑性变形的累积,微裂纹可以扩展到表面直到形成一个相对较大的剥落坑。

因此,表征疲劳剥落机理的性能参数可以选择为剥落坑的某种几何尺寸,相应的性能阈值为剥落坑大小达到某一特定程度所对应的临界剥落坑尺寸。剥落坑尺寸难以观测,需要进一步通过分析剥落坑对于齿轮系统振动响应的影响,结合振动相应的阈值对临界剥落坑尺寸进行确定。此外,剥落的物理过程与次表面裂纹扩展密切相关,次表面裂纹扩展到某一程度导致接触表面形成某种尺寸的剥落坑所需的裂纹扩展时间,即为该机理所对应的故障时间。

2) 故障原因分析

当含缺陷的构件在受到循环载荷作用时,缺陷附近不断累积的塑性变形会诱发表面裂纹或者次表面裂纹萌生并不断增长,最终,裂纹增长到足够长度时会失稳快速增长,促使轮齿材料从表面剥落,并最终导致轮齿表面损坏。分析其原因,裂纹扩展是内因和外因综合作用的结果,其中内因是材料内部微观结构参数的相互作用,外因是轮齿所处的环境条件和载荷工况,其本质是一定应力场下热活化能的作用使得裂纹尖端因位错运动而不断累积塑性变形,使裂纹向轮齿表面不断扩展[2]。因此,本部分采用累积塑性变形理论计算裂纹扩展时间,进而构建面向轮齿表面剥落的故障机理模型。

3) 模型构建

首先,利用仿真手段将初始缺陷处划分为若干个几何单元,根据连续介质力学的理论,每一个单元都是一个具有代表性体积的单元,它们足够小以至于单元的每一个物理量都可以被认为是在单元内均匀分布的常量;它们足够大以至于可以代表一个微观过程[3]。对于次表面裂纹附近的每一个单元来说,其累

积损伤变量可以被定义为

$$D = \frac{V_\mathrm{D}}{V}$$

式中：V 为单元总体积；V_D 为单元损伤体积；D 为单元的损伤量。基于 Lemaitre 的损伤理论[4]，单元的损伤累积速率可以被表示为

$$\frac{\mathrm{d}D}{\mathrm{d}N} = \frac{Y}{S_\mathrm{m}} \frac{\mathrm{d}E_\mathrm{p}}{\mathrm{d}N} \cdot H(E_\mathrm{p} - E_\mathrm{pD}) \tag{3.5}$$

式中：S_m 为材料常数；E_p 为总的累积循环塑性应变，是循环次数 N 的函数；E_pD 为临界塑性应变；$H(\cdot)$ 为指示函数，即当单元的累积塑性应变 E_p 低于临界塑性应变 E_pD 时，认为没有损伤发生（$H(\cdot)=0$），否则损伤将在单元内开始累积（$H(\cdot)=1$）；Y 为应变能密度释放率。

在实际的计算过程中，第 i 个单元在第 ($N+1$) 次循环的累积损伤变量 $D_i(N+1)$，可以通过该单元第 N 次循环的累积损伤 $D_i(N)$ 迭代计算得到，即

$$D_i(N+1) = D_i(N) + \int_1^{\mathrm{end}} \frac{Y}{S_\mathrm{m}} (\Delta \varepsilon_\mathrm{p}(t))_i H[(E_\mathrm{p}(N))_i - E_\mathrm{pD}] \mathrm{d}t \tag{3.6}$$

式中：$(\Delta \varepsilon_\mathrm{p}(t))_i$ 为一次循环中单元 i 在每个时间步长内的累积塑性应变或者等效塑性应变。则当单元 i 的累积损伤变量 $D_i(N+1)$ 达到 1 时，表示该单元完全损伤。而当缺陷周围完全损伤的单元的几何尺寸当量达到临界剥落坑尺寸时，所对应的总循环次数即为该机理的故障时间，可由下式表示：

$$\mathrm{TF} = \inf\{t \geqslant 0 \mid m\} (G_\mathrm{S}[g_1(t_{N_1}), g_2(t_{N_2}), \cdots, g_w(t_{N_w})], G_{S_\mathrm{th}}) > 0\} \tag{3.7}$$

式中：m 为该机理的性能裕量；G_S 为当前时刻下剥落坑尺寸；G_{S_th} 为临界剥落坑尺寸；$g_i(t_{N_i})$ 为第 i 个单元的几何尺寸；t_{N_i} 为该单元完全损伤时所对应的时间（循环数），可由式(3.5)和式(3.6)来计算。

3.2　多机理耦合建模方法

通过上述单一故障机理建模方法能够对机械产品典型故障机理进行描述，相关模型已经被国内外学者广泛研究，并且已经在诸多产品上得到运用，证实了其有效性和准确性。然而，在实际使用过程中，由于产品自身的复杂性和外界环境的不确定性，产品的故障往往是由于多种故障机理同时发生所引起，并且这些机理通常呈现出耦合关系，使得产品的故障演化过程与单机理的故障过程存在显著的差异。当前，多机理的耦合效应已经在机械领域具有普遍共识，并且具体可以分为竞争、叠加、组合和诱发四类主要关系，下面将分别针对这几类耦合关系下的机理建模进行详细阐述。

3.2.1 竞争关系故障机理建模

在产品的持续运行过程中,由于自身结构以及外部工作环境的复杂性,导致同一单元故障的原因及相应的故障机理存在多种,每一种原因的发生都可能导致单元发生故障,故障机理之间的发生存在明显先后。其中,某一种机理在某个时间段内占主导地位,我们称不同的故障机理之间存在竞争关系。

竞争关系适用于描述不存在相互影响的故障机理,相应的竞争失效准则为:故障机理之间独立发展,在给定的环境条件与输入条件下,故障时间最短的故障机理将首先发生。遵循这一准则,假设单元共存在 n 种适用于竞争关系的故障机理,则考虑竞争关系的故障机理模型形式可由下式表示:

$$\mathrm{TF} = \min\{\mathrm{TF}_1, \mathrm{TF}_2, \cdots, \mathrm{TF}_n\} \tag{3.8}$$

其中,若第 i 种故障机理模型可表示为

$$\mathrm{TF}_i = \inf\{t \geq 0 \mid m_i(t) > 0\}$$

$$m_i(t) = G(p_i(t), p_{\mathrm{th},i})$$

$$p_i(t) = M_p(\boldsymbol{I}_i, \boldsymbol{E}_i, t)$$

应用案例:

碳纤维/环氧树脂复合板的故障机理模型共有 3 种,每种机理模型对应一种故障机理,分别为纤维拉断、复合基失效、纤维扭结/分离,如式(3.9)~式(3.13)所示。

(1) 纤维拉断。

$$p_{\mathrm{ft}} = \left(\frac{\sigma_1(t)}{\sigma_{\mathrm{L}}^+(t)}\right)^2, p_{\mathrm{th}} = 1 \tag{3.9}$$

式中:σ_1 为第一主应力;σ_{L}^+ 为材料轴向拉伸强度;p_{ft}、p_{th} 分别为性能参数与故障判据,当 $p_{\mathrm{ft}} > p_{\mathrm{th}}$ 时,纤维拉断这一故障发生。

(2) 复合基失效。

$$p_{\mathrm{mat}} = \frac{\tau_{23}^{\phi_0}(t)}{\tau_{\mathrm{T}}(t) - \mu_{\mathrm{T}}\sigma_n^{\phi_0}(t)} + \frac{\tau_{12}^{\phi_0}(t)}{\tau_{\mathrm{L}}(t) - \mu_{\mathrm{L}}\sigma_n^{\phi_0}(t)} + \frac{\sigma_{n^+}^{\phi_0}(t)}{\sigma_{\mathrm{T}}^+(t)}, p_{\mathrm{th}} = 1 \tag{3.10}$$

式中:$\tau_{23}^{\phi_0}$、$\tau_{12}^{\phi_0}$、$\sigma_{n^+}^{\phi_0}$ 为外部载荷在横截面上各个方向的分量;τ_{T}、τ_{L} 为周向和轴向的剪切强度;μ_{T}、μ_{L} 为周向和轴向的摩擦系数;σ_{T}^+ 为轴向拉伸强度;p_{mat}、p_{th} 分别为性能参数与故障判据,当 $p_{\mathrm{mat}} > p_{\mathrm{th}}$ 时,复合基失效这一故障发生。

(3) 纤维扭结/分离。

$$p_{kink} = p_{split} = \left(\frac{\tau_{23}^{\phi_0}(t)}{\tau_T(t) - \mu_T \sigma_n^{\phi_0}(t)}\right)^2 + \left(\frac{\tau_{12}^{\phi_0}(t)}{\tau_L(t) - \mu_L \sigma_n^{\phi_0}(t)}\right)^2 + \left(\frac{\sigma_{n^+}^{\phi_0}(t)}{\sigma_T^+(t)}\right)^2, p_{th} = 1$$

(3.11)

式中:各个参数的含义与式(3.10)相同。p_{kink}、p_{split} 分别为纤维扭结以及分离故障对应的性能参数;p_{th} 为故障判据,当 $p_{kink} > p_{th}$ 时,纤维扭结或分离故障发生。进一步,可通过判断第一主应力 σ_1 与轴向压缩强度 σ_T^- 的大小,判断发生纤维扭结或分离故障。当第一主应力 $\sigma_1 \leq -\sigma_T^-/2$ 时,发生纤维扭结故障;当 $\sigma_1 > -\sigma_T^-/2$ 时,发生分离故障。

在实际工作中,上述三种故障机理同时作用且遵循竞争关系,如式(3.12)及式(3.13)所示。当第一主应力 $\sigma_1 \leq -\sigma_T^-/2$ 时,可以表示为

$$TF = \min\{TF_{ft}, TF_{mat}, TF_{kink}\} \quad (3.12)$$

当 $\sigma_1 > -\sigma_T^-/2$ 时,可以表示为

$$TF = \min\{TF_{ft}, TF_{mat}, TF_{split}\} \quad (3.13)$$

式中:TF_{ft}、TF_{mat}、TF_{kink}、TF_{split} 分别为纤维拉断、复合基失效、纤维扭结或分离等故障机理单独发生时对应的产品寿命。

3.2.2 叠加关系故障机理建模

叠加关系适用于描述共同影响相同性能参数变化的几种故障机理间的关系。因此,通常将这些机理对性能参数变化速率的影响进行叠加。

假设单元共有 n 种适用于叠加关系的故障机理,则考虑叠加关系的故障机理模型可以由以下步骤获得:

(1) 首先通过单一故障机理模型,确定各个机理导致的性能参数的变化速率,并根据叠加关系构建出该性能参数的总变化速率,即

$$dp_U(t)/dt = \sum_{i=1}^{n}[dp_i(t)/dt] = \sum_{i=1}^{n}[dM_{pi}(\boldsymbol{I}_i, \boldsymbol{E}_i, t)/dt] \quad (3.14)$$

式中:$p_U(t)$ 为多机理所共同影响的同一性能参数;$dp_U(t)/dt$ 为该性能参数的总变化速率;等式右边表示了各个机理对于性能参数变化速率的贡献程度。

(2) 根据式(3.14),可以进一步给出多机理影响下的性能参数随时间的退化模型,即

$$p_U(t) = \int_0^t \left\{\sum_{i=1}^{n}[dM_{pi}(\boldsymbol{I}_i, \boldsymbol{E}_i, t)/dt]\right\} dt \quad (3.15)$$

(3) 最后,结合性能参数对应的失效阈值 p_{th},构建出多机理存在叠加关系下的产品寿命 TF,即

$$m(t) = G(p_U(t), p_{th})　\qquad(3.16)$$
$$TF = \inf\{t \geq 0 \mid m(t) > 0\} \qquad(3.17)$$

由上所述,关于叠加关系的具体适合描述的对象必须有明确的物理化学过程和相应的性能参数模型,才能保证叠加关系的数学形式应用到位。

应用案例:

下面将以液压滑阀存在的磨粒磨损和黏着磨损的叠加耦合建模过程为案例进行介绍。首先,针对磨粒磨损和黏着磨损分别构建相应机理模型。

磨粒磨损是指外界硬颗粒或者对磨表面上的硬突起物或粗糙峰在摩擦过程中引起表面材料脱落的现象[5]。在滑阀运动过程中,主要受到塑变机制作用使得磨屑形成,因此可运用基于塑变理论的三体磨粒磨损机理模型来描述滑阀阀芯与阀套间的三体磨粒磨损机理,其形式为

$$\frac{dV_{abr}}{dt} = \frac{\left(1+\dfrac{H_m K_0}{2E}\right)^2 K_1 K_2 K_3 K_4 K_5}{\pi \tan\theta} \cdot \frac{W}{H_m} v$$

式中:V_{abr}为滑阀磨粒磨损体积;H_m为滑阀材料硬度;K_0为磨粒相对速率系数;E为滑阀阀芯/阀套材料的弹性模量;K_1为磨粒滑动比例系数;K_2为磨粒浓度系数;K_3为磨粒粒度系数;K_4为磨粒相对硬度系数;K_5为润滑系数;W为作用在磨粒上的法向载荷;θ为锥体磨粒锥半角;v为阀芯相对阀套的速率。

黏着磨损是指摩擦副表面在相对滑动时,由于黏着效应所形成的黏着结点发生剪切断裂,被剪切的材料或脱落成磨屑,或由一个表面迁移到另一个表面的磨损过程。由于滑阀阀芯与阀套为间隙配合方式,可采用黏着磨损模型计算滑阀阀芯与阀套的磨损速率,其形式为

$$\frac{dV_{adh}}{dt} = K_{adh} \beta \frac{W_a}{H_m} v$$

式中:V_{adh}为滑阀黏着磨损体积;K_{adh}为黏着磨损系数;β为表面膜缺损系数;W_a为微凸体载荷。

在此基础上,液压滑阀的磨损通常可以认为是上述两类磨损的耦合作用结果,且磨损速率遵循叠加关系。对此,可对上述行为构建相关耦合模型,即

$$\frac{dV}{dt} = \frac{dV_{abr}}{dt} + \frac{dV_{adh}}{dt}$$

式中:V为滑阀总磨损体积。

当磨损体积达到V_{th}时,认为液压滑阀发生磨损失效,则磨损寿命可以由下式计算获得:

$$\mathrm{TF} = \inf\left\{t \geq 0 \,\bigg|\, \int\left(\frac{\mathrm{d}V_{\mathrm{abr}}}{\mathrm{d}t} + \frac{\mathrm{d}V_{\mathrm{adh}}}{\mathrm{d}t}\right)\mathrm{d}t > V_{\mathrm{th}}\right\}$$

3.2.3 组合关系故障机理建模

组合关系适用于多种机理同时存在的情况下,每一种机理对单元均造成一定的损伤,不同机理在产品相同部位造成的损伤存在累积效应,并且共同造成单元的故障。

假设单元共有 n 种适用于组合关系的故障机理,则考虑竞争关系的故障机理模型形式可以由下式表示

$$\mathrm{TF} = \inf\left\{t \geq 0 \,\bigg|\, \sum_{i=1}^{n} D_i(t) > 1\right\} \tag{3.18}$$

式中:$D_i(t)$ 为在 t 时刻第 i 个机理造成的损伤,通常假设损伤量遵循线性关系,可以通过下式计算:

$$D_i(t) = t/\mathrm{TF}_i$$

式中:TF_i 为第 i 个机理单独作用下单元的寿命。

应用案例:

下面将通过一个应用案例对组合关系的机理建模过程进行描述。发动机叶片在持续运行过程中,通常受到持续高温与循环载荷的共同作用,因此也同时存在蠕变和疲劳两种故障机理。这两类机理间的相互关系通常用组合关系进行建模。

对于蠕变疲劳的耦合作用,疲劳寿命受到应力剖面的影响较大。但是 Coffin-Manson 模型无法描述应力剖面产生的影响。为了弥补这一不足,可以采用基于应变范围划分的蠕变疲劳模型。该理论认为,试样的非弹性变形是由蠕变和塑性变形共同引起。在一个应力循环加载过程中,总的非弹性变形可以划分为四个部分,如图 3.1 所示。其中,$\Delta\varepsilon_{\mathrm{pp}}$ 表示由于塑性变形引起的变形;$\Delta\varepsilon_{\mathrm{pc}}$ 表示由于蠕变引起的塑性变形恢复;$\Delta\varepsilon_{\mathrm{cp}}$ 表示由于塑性变形引起的蠕变恢复;$\Delta\varepsilon_{\mathrm{cc}}$ 表示由于蠕变引起的变形。

对于上述每一种变形,与疲劳寿命之间均服从 Coffin-Manson 模型,即

$$\varepsilon_{ij} = A_{ij} N_{ij}^{-m_{ij}} \quad (i,j = \mathrm{p,c})$$

式中:N_{ij} 是由划分后的应变范围 $\Delta\varepsilon_{ij}$ 确定的疲劳寿命;m、A_{ij} 为常数,通常由试验数据拟合获得。

由于发动机叶片在实际工作条件下的应变包括了上述四种形式,因此总的疲劳寿命可以通过 Miner 准则确定,即

$$\frac{1}{N_{\mathrm{f}}} = \frac{1}{N_{\mathrm{pp}}} + \frac{1}{N_{\mathrm{cc}}} + \frac{1}{N_{\mathrm{cp}}} + \frac{1}{N_{\mathrm{pc}}}$$

式中:N_f 为发动机叶片的疲劳寿命;N_{pp}、N_{cc}、N_{cp}、N_{pc} 分别是应变范围划分后各种应变作用下的疲劳寿命。

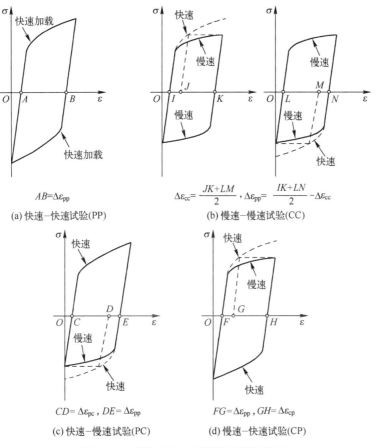

图 3.1 不同加载方式的迟滞回线示意图

3.2.4 诱发关系故障机理建模

诱发关系适用于描述某一类机理对另一类机理的诱发作用。其原因一般是诱发机理的存在改变了被诱发机理的内、外因条件,进而加速了被诱发机理的形成和演化过程。其建模过程可由以下等式获得:

$$p_U(t) = \alpha(M_{p,1}(\boldsymbol{I}_1, \boldsymbol{E}_1, t)) \cdot M_{p,2}(\boldsymbol{I}_2, \boldsymbol{E}_2, t) \quad (3.19)$$

$$m(t) = G(p_U(t), p_{th}) \quad (3.20)$$

$$TF = \inf\{t \geq 0 \mid m(t) > 0\} \quad (3.21)$$

式中:$\alpha(\cdot)$ 为诱发因子,表征一种机理对另一种机理的影响,通常需要通过试验测定获取;$p_{\text{U}}(t)$为两机理所共同影响的同一性能参数。

应用案例:

以下给出一个诱发关系的应用案例,即:频率修正的Coffin-Manson模型。该模型认为,蠕变对疲劳寿命的影响表现为:疲劳寿命除了与应力有关之外,还与频率有关。因此,通过在描述低周疲劳寿命的Coffin-Manson模型或Morrow模型中引入一个频率修正因子,可以建立模型描述蠕变与疲劳的交互作用,即

$$[N_{\text{f}}v^{k-1}]^m \Delta \gamma_{\text{p}} = C$$

$$[N_{\text{f}}v^{h-1}]^n \Delta W_{\text{p}} = A$$

式中:N_{f}为疲劳寿命;v为频率;k、h分别为试验常数,表征蠕变与疲劳的交互作用,由试验数据拟合确定;$\Delta \gamma_{\text{p}}$、ΔW_{p}分别为Coffin-Manson模型与Morrow模型中的塑性变形范围与应变能范围。

3.3 典型故障机理及相关模型

上述建模方法是从模型建立的角度对故障机理模型的形式进行相应的梳理。目前,众多研究学者针对机械产品的故障机理已经开展了大量的研究工作,并且也已构建了各类故障机理模型。为此,本书作者及其所在团队通过对机械产品开展广泛的调研工作,收集整理故障机理模型,建立了产品-机理-模型映射关系,并构建了机械产品故障机理模型库,如图3.2所示。为了便于读者更好地利用机理模型开展后续寿命设计分析和加速试验方案设计工作,本书给出了以航空机载产品为典型代表的机械类典型故障机理及相关机理模型。

3.3.1 疲劳

1. 基本概念

疲劳破坏是机械产品故障的主要形式。据统计,在实际工程中,机械零部件的疲劳故障占总故障数的50%~90%。"疲劳"一词的英文是"fatigue",在力学中指材料或构件在交变应力作用下,经过一段时期后突然发生脆性断裂的现象。国际标准化组织在1964年发表的《金属疲劳试验的一般原理》中对疲劳给出的定义是:金属材料在应力或应变的反复作用下所发生的性能变化称为疲劳[6]。美国试验与材料协会(ASTM)在"疲劳试验及数据统计分析之有关术语的标准定义"(ASTM E206-72)中对疲劳提出的定义为:在某点或某些点承受交变应力,且在足够多的循环扰动作用之后形成裂纹或完全断裂的材料中所发生的局部永久结构变化的发展过程[7]。

第 3 章 故障机理建模方法

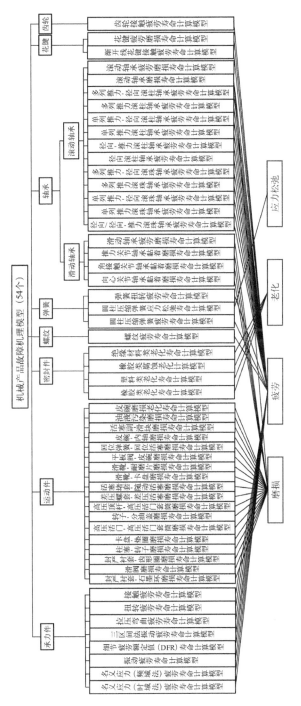

图3.2 机械产品-机理-模型映射关系图

机械产品在循环交变应力下的疲劳破坏,与在静应力下的破坏有本质的区别。静应力破坏是由于在零部件的危险截面中产生过大的残余变形或最终断裂导致的破坏;而疲劳破坏是由于在零部件的高局部应力区,较弱的晶粒在交变应力作用下形成微裂纹,在经历一定循环加载下进而扩展成宏观裂纹,裂纹继续扩展导致最终的疲劳破坏。静应力下的破坏,取决于结构整体;而疲劳破坏则是由应力或应变较高的局部开始,形成损伤并逐渐累积,导致破坏发生。零部件应力集中处,通常是疲劳破坏的起源。裂纹萌生-扩展-断裂三个阶段是疲劳破坏的特点,研究疲劳裂纹萌生和扩展的机理和规律,是研究疲劳破坏的主要任务。通常情况下,疲劳断裂是由循环变应力、拉应力和塑性应变同时作用而造成的,循环应力使得裂纹形成,拉应力使得裂纹扩展,塑性应变影响着整个疲劳过程。

疲劳寿命是指结构或机械直至破坏所用的循环载荷的次数或时间[8]。疲劳寿命通常由裂纹成核寿命和裂纹扩展寿命组成。在韧性材料中,裂纹成核通常沿着滑移带,并且与最大剪切面平行。在脆性材料中,裂纹通常在不连续处(如夹杂物和空洞)直接成核,但是它们也可以在剪切作用下成核。一旦裂纹成核,裂纹扩展可以分为两个阶段:阶段1,微裂纹沿着最大剪切面增长;阶段2,裂纹沿着最大拉应力平面增长。对于韧性材料的微裂纹扩展寿命,阶段1占了主要部分,而对于脆性材料的微裂纹扩展,主要受到阶段2的影响。

在疲劳试验中,构件经过无限次应力交变循环加载而仍不发生破坏的最大应力值称为疲劳极限。而疲劳损伤则反映了构件中细微"结构"的变化,微裂纹的萌生、成长与合并,导致材料最终变质和恶化。损伤累积的结果往往产生宏观裂纹,导致最终断裂。疲劳损伤在物理上的形式多种多样,目前定义损伤变量有两种途径:①从微观或物理的角度,例如在疲劳损伤区内微观裂纹的密度、空洞体积(面积)比、电阻抗变化、显微硬度变化等;②从宏观或唯象的角度,例如Miner疲劳损伤$D=1/N$、剩余刚度E、剩余强度、循环耗散能、阻尼系数。

2. 疲劳的分类

导致疲劳破坏的因素很多,根据疲劳产生机理可以分为热疲劳、机械疲劳和腐蚀疲劳等。机械疲劳是指零部件在交变应力下导致的疲劳破坏。热疲劳是指温度循环变化时,引起应变的变化,由于材料受到机械约束,产生交变热应力而导致的疲劳。腐蚀疲劳则是指在交变应力和腐蚀介质的共同作用下导致的疲劳。具体分类如图3.3所示。

按照疲劳断裂周次(循环次数),机械疲劳可以分为低周疲劳、高周疲劳和超高周疲劳。高周疲劳是指材料的交变应力远小于屈服极限,疲劳断裂前的循环次数大于10^5次,通常用$S-N$曲线法来计算。低周疲劳是指材料所受的应力较高,通常接近或超过屈服极限,在交变应力下,塑性变形累积,导致疲劳断裂,其循环次数较少,一般小于10^4次。超高周疲劳是指在循环载荷作用下,材料发生裂纹萌生、扩展直至断裂的周期在10^7次以上的过程。其中,超高周疲劳中特有的 S-N 曲线变化趋势,以及疲劳裂纹萌生和初始裂纹扩展特征使得针对超高周疲劳机理的研究及相应的建模成为当前的研究热点问题[9]。

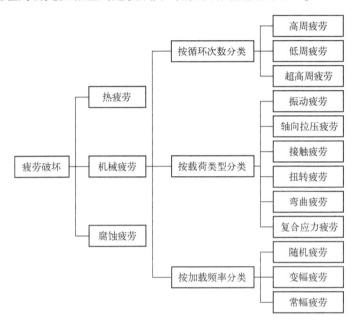

图 3.3 疲劳的分类

依据加载频率,机械疲劳还可分为常幅疲劳、变幅疲劳以及随机疲劳。常幅疲劳是指交变应力频率和幅值为常数的疲劳过程;变幅疲劳是指频率为常量、幅值为变量的疲劳过程;随机疲劳是指频率和幅值都是变量的疲劳过程。而不同的加载次序对于疲劳寿命具有十分显著的影响[10]。Schijve 通过使用短周期和长周期的随机加载次序来研究加载顺序对裂纹扩展的影响[11]。结果表明,随机加载次序可能导致疲劳寿命与采用常幅加载的疲劳寿命结果存在差异,表明考虑疲劳载荷随机性的重要性。

3. 相关机理模型

1) 典型经验疲劳模型

通过开展大量研究工作,国内外学者普遍认为疲劳寿命与应力、应变、能量等存在密切的联系。现有典型经验疲劳模型正是将疲劳寿命与这些参量建立联系,主要的模型包括名义应力法以及局部应力-应变法等。

名义应力法是最早形成的也是最简单、通用的疲劳寿命估计方法,通常称为安全寿命设计法,主要用于结构及试件设计阶段的快速疲劳估算。传统的名义应力法依据结构疲劳关键部位的应力谱以及材料的疲劳寿命曲线(S-N曲线),通过加入疲劳缺口系数、尺寸系数、表面系数等,并按照疲劳累积损伤理论来估算出产品的疲劳寿命。其中,名义应力法中最基本的模型形式如下:

$$\mathrm{TF} = N_0 \left(\frac{\sigma_e}{\sigma_{-1A}} \right)^b \tag{3.22}$$

式中:N_0 为最大主应力为疲劳极限时的循环次数,通常取 10^7 次;b 与材料疲劳性能相关的常数,具体取值可以参考《军用飞机结构耐久性/损伤容限分析和设计指南》;σ_e 为等效平均应力;σ_{-1A} 为许用疲劳极限,可以通过以下公式进行获取:

$$\sigma_e = \frac{\sigma_a}{1 - \frac{\sigma_m}{\sigma_b}}$$

$$\sigma_m = \frac{\sigma_{\max} + \sigma_{\min}}{2}$$

$$\sigma_a = \frac{\sigma_{\max} - \sigma_{\min}}{2}$$

$$\sigma_{-1A} = c_1 k_a k_b k_e \sigma_{-1}$$

式中:σ_m、σ_a 分别为平均应力和应力幅;σ_b 为材料拉伸强度极限;$\sigma_{\max}$、$\sigma_{\min}$ 分别为结构疲劳关键部位在一次循环周期内的最大应力和最小应力;σ_{-1} 为材料疲劳极限;c_1 为载荷修正系数;k_a、k_b 分别为表面系数和尺寸系数,可参见《中国机械设计大典 第2卷》;k_e 为可靠性系数,可参见《Mechanical Engineering Design 8th Ed》。

名义应力法通常适用于塑性变形较小或可忽略不计的高周疲劳,但是并不适用于以塑性变形为主的损伤过程,例如低周疲劳、含缺口构件以及含过载的变幅加载过程等。

相应地,局部应力-应变法是以等应变-等损伤假设和累积损伤理论为基础,以材料的应变疲劳特性曲线为基础,考虑了结构细节危害部位局部材料进入塑性应变的影响以及载荷顺序的影响,适用于载荷谱对应的应力水平较高、结构局部应力达到屈服应力情况下的疲劳分析与寿命估算。由于考虑了高应力引起的塑性应变,常用于描述载荷大(超过屈服应力)、寿命短(一般小于 10^4 次)的低周疲劳问题。其中,局部应力-应变法中最基本的模型形式如下:

$$\frac{\Delta \varepsilon}{2} = \frac{\sigma'_f}{E}(2N_f)^b + \varepsilon'_f(2N_f)^c \tag{3.23}$$

式中：$\Delta\varepsilon/2$ 为总应变幅；σ'_f 为疲劳强度系数（对于大多数金属，它非常接近于经过颈缩修正的单向拉伸断裂强度 σ_f）；E 为弹性模量；b 为疲劳强度指数；ε'_f 为疲劳延性系数；c 为疲劳延性指数；N_f 为该应变幅下发生疲劳破坏时的载荷循环周次。

上述经验模型的优点在于所需的材料参数少，且易于从材料试验中获取，并且已经积累了大量的试验数据，并且对于长寿命构件（如传动轴弹簧、齿轮轴承等），或载荷循环次数少、塑性应变大的构件（如低强结构钢缺口件）均能找到合适的模型开展分析。但是，上述模型过度依赖于试验数据，均无法反映材料的本构行为，也无法考虑非比例循环硬化等对疲劳寿命的影响。并且，由于未考虑实际构件存在的裂纹特征，且材料参数与构件几何形状、载荷形式有关，因此模型的通用性较差。

2）疲劳裂纹演化模型

为了更好地揭示疲劳的演化机制，研究人员从力学角度构建疲劳裂纹演化模型，这类模型大致可以分为两类：①从疲劳裂纹演化的微观机制入手，抽象出力学模型；②借助相应的宏观物理量，构建与宏观裂纹破坏下的循环次数间的关系。前者主要借助断裂力学理论开展机理建模，后者更多是采用损伤力学建立损伤变量与疲劳寿命之间的联系。

断裂力学是以材料或构件存在缺陷（称为裂纹）为前提的。通常情况下，疲劳裂纹扩展快慢可以通过疲劳裂纹扩展速率 $\Delta a/\Delta N$ 或 da/dN 表示，其中 ΔN 是交变应力的循环次数增量，Δa 是相应的裂纹长度增量。如果已知瞬时裂纹扩展速率 da/dN、初始裂纹长度 a_0 以及临界裂纹长度 a_c，则裂纹扩展至断裂的寿命 N_c 为

$$N_c = \int_{a_0}^{a_c} \frac{da}{da/dN} \tag{3.24}$$

但是，由于疲劳裂纹扩展机理复杂，目前疲劳寿命还未有准确的定量解析表达式。根据断裂力学理论，当构件受到载荷作用，裂纹尖端附近将会产生弹性力场，并且可以应力强度因子 K 表示。因此，裂纹扩展速率与应力强度因子紧密相关。因此，最早的 Paris 公式给出了应力强度因子范围 ΔK 与裂纹增长速率 da/dN 之间的经验关系[12]，即

$$\frac{da}{dN} = C(\Delta K)^m \tag{3.25}$$

式中：C、m 为材料系数。

上述模型适用于高周疲劳时，裂纹尖端塑性区的尺寸远小于裂纹长度的情况，但是没有考虑不同应力比以及裂纹尺寸大小等影响，因此许多学者提出了大量的修正公式，以下列举了较为典型的裂纹扩展模型。

考虑到应力比 R 以及材料断裂韧性 K_c 的影响,Forman 给出了相应的裂纹扩展模型,即

$$\frac{\mathrm{d}a}{\mathrm{d}N} = \frac{C(\Delta K)^m}{(1-R)K_c - \Delta K}$$

式中:K_c 为材料的断裂韧性(临界应力强度因子)。

考虑到存在阈值,Donahue 等[13]引入应力强度因子阈值 ΔK_{th} 并提出了以下修正公式:

$$\frac{\mathrm{d}a}{\mathrm{d}N} = C(\Delta K - \Delta K_{th})^m$$

在此基础上,Priddle[14]对上述模型做了进一步的修正,并提出相应的模型形式,即

$$\frac{\mathrm{d}a}{\mathrm{d}N} = C\left(\frac{\Delta K - \Delta K_{th}}{K_c - K_{max}}\right)^m$$

式中:K_{max} 为峰值载荷时的应力强度因子。

基于断裂力学理论的疲劳模型形式简单,且对裂纹扩展机理有较好的物理解释,因此适用于大型结构件(如飞机结构、核反应堆、压力容器等),以及预先有裂纹存在的结构(如大型焊件、铸件)等。但是也存在着初始裂纹尺寸分布难以估计和测量,构件几何结构复杂导致应力强度因子难以计算等难题,并且其基本假设是建立在存在初始裂纹条件下的,对于裂纹萌生阶段难以给出合理的模型。

3) 针对变幅载荷的累积损伤模型

上述两类疲劳模型大多只是考虑常幅载荷的情况,但是机械产品在实际运行过程中大多数都经历了变幅加载历程。相较于常幅疲劳,变幅疲劳涉及与疲劳寿命相关的复杂应力和应变状态、载荷历程以及疲劳损伤参数,众多因素对于疲劳寿命的影响成为疲劳机理建模必须进一步考虑的问题。

最早进行疲劳累积损伤研究的学者是 J. V. Palmgren[15-16]。他于 1924 年在估算滚动轴承寿命时,假设损伤累积与转动次数呈线性关系,首次提出了疲劳损伤累积是线性的假设。随后 M. A. Miner[17]于 1945 年又将该理论公式化,形成了著名的 Palmgren-Miner 线性累积损伤理论(简称 Miner 理论)。该理论认为 m 级不同载荷造成的累积损伤值 D 可由下式计算获得:

$$D = \sum_{i=1}^{m} \frac{n_i}{N_i} \tag{3.26}$$

式中:n_i 为第 i 级载荷作用的循环次数,一般由载荷谱给出;N_i 为其对应的疲劳寿命,具体取值可以通过以上单级载荷下的疲劳模型计算获取。当 $D=1$ 时达

到失效临界值。

此外,Miner 理论假设:在每个载荷块内,载荷必须是对称循环的,即平均应力为零;在任一给定的应力水平下,累积损伤的速度与以前的载荷历程无关;载荷块的顺序不影响疲劳寿命。正如图 3.4 所示,不同载荷之间没有影响,而且由于损伤速率是常数,所以损伤次序对于累积损伤值的大小也没有影响,图中不论 n_1、n_2、n_3 的顺序如何,总损伤是一定的。

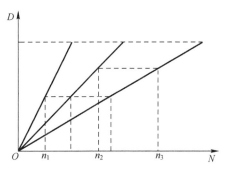

图 3.4 Miner 理论的损伤示意图

Miner 理论的优点是简单方便,便于在工程上广泛应用。当载荷较小而材料韧性较高时,Miner 理论不会产生较大的误差。但是,基于模型自身的假设,该理论也存在局限性。大量试验证明,在复杂加载作用下,对于不同的加载顺序,$\sum_{i=1}^{m} n_i/N_i$ 并不总等于 1,而是随着加载顺序、载荷水平不同而变化,其波动范围一般为 0.25~4.0 甚至更大。为此,有学者对累积疲劳损伤理论进行了修正,目前常用的修正模型如表 3.1 所列[18]。

表 3.1 常用的修正累积损伤理论

理论方法	公 式	优 点	缺 点
双线性累积损伤理论	Grover-Manson 公式: 裂纹扩展寿命: $\Delta N = 14 N^{0.6}$ 裂纹形成寿命: $\begin{cases} N_0 = 0 & (N<730\ \text{周}) \\ N_0 = N - 14 N^{0.6} & (N>730\ \text{周}) \end{cases}$ 式中:N 为裂纹总寿命	该模型考虑了载荷的顺序效应,并将疲劳损伤过程中的两个阶段"形成"和"扩展"分开讨论,符合损伤在不同阶段的发展规律	该模型对于裂纹"形成"和"扩展"寿命的表示过于笼统,并不能准确表达实际损伤过程,并且对于不同构件,"形成"和"扩展"的分界点不易确定,不便直接应用于工程中
非线性累积损伤理论	Marco-Starkey 公式: $D = \sum_{i=1}^{m} (n_i/N_i)^{a_i}$ 式中:$a_i(a_i>1)$ 是由试验确定的与应力水平相关的常数	考虑了应力水平和应力先后次序	很难确定幅值,除非被定义为疲劳试验中某个可测物理量;有较大的不确定因素,不便于工程应用

续表

理论方法	公 式	优 点	缺 点
非线性累积损伤理论	Corten-Dolan 公式：$$N_f = \frac{N_1}{\sum_{i=1}^{m} \lambda_i (\sigma_i/\sigma_1)^d}$$ 式中：N_f 为多级交变应力作用下直到破坏的总循环数；σ_i 为第 i 级交变应力；N_1 为最大交变应力 σ_1 下直到破坏发生的循环数；λ_i 为交变应力所占的百分数；d 为由试验确定的材料常数	考虑了多级交变应力的相互作用	为了简化，考虑其使用载荷试验确定的 d 值是不变的，实际上 d 值是应力的函数，并且公式形式复杂，材料参数等难以确定
	Henry 公式：$$D = x/[1+(1-x)/q]$$ 式中：$x = n_i/N_i$ 为循环比；$q = (S-S_L)/S_L$；S 为使用应力；S_L 为未损伤材料的疲劳极限	反映了载荷顺序对疲劳累积损伤的影响	模型公式较为复杂，计算结果与试验结果存在较大差异

3.3.2 磨损

1. 基本概念

磨损失效是指机件表面接触并做相对运动时，表面逐渐有微小颗粒分离出来形成磨屑（松散的尺寸与形状均不相同的碎屑），使表面材料逐渐流失（导致机件尺寸变化和质量损失），造成表面损伤的现象[19]。磨损主要包括以下三个过程：

1) 表面的相互作用

两个摩擦表面的相互作用可以是机械的或分子的两类。机械作用包括弹性变形、塑性变形和犁沟效应；分子作用包括相互吸引和黏着效应。

2) 表面层的变化

在摩擦磨损过程中各种因素的相互关系极其复杂。在摩擦表面的相互作用下，表面层将发生机械性质、组织结构、物理和化学变化，这是由于表面变形、摩擦温度和环境介质等因素造成的。

3) 表面层的破坏形式

具体的破坏形式包括擦伤、点蚀、剥落、胶合、微观磨损等。

2. 磨损的分类

根据研究，人们普遍认为按照不同的磨损机理来分类是比较恰当的，通常将磨损分为四个基本类型：磨粒磨损、黏着磨损、表面疲劳磨损和腐蚀磨损，具体定义如表 3.2 所述。虽然这种分类还不十分完善，但它概括了各种常见的磨损形式。

表 3.2　典型磨损机理类型及其定义

磨损机理	定　　义
磨粒磨损	具有一定形状的磨粒或微凸体在相互接触的对偶摩擦零件表面的相对运动过程中,使表面材料发生损耗的磨损现象
黏着磨损	两相互接触并相对运动的表面,由于黏附作用而使表面材料脱离并附着在摩擦表面上或在此后的相互作用中脱落下来形成磨屑的磨损现象
表面疲劳磨损	当两相互接触的零件表面在微观体积上受到交变接触作用力时,零件表面与亚表面产生疲劳裂纹,裂纹扩展使材料断裂分离的磨损现象
腐蚀磨损	相互作用并有相对运动的对偶面在腐蚀环境中不断发生腐蚀并在摩擦过程中腐蚀物及金属剥落下来的腐蚀与磨损同时发生的磨损现象

应当指出,在实际的磨损现象中,通常是几种形式的磨损同时存在的,而且一种磨损发生后往往诱发其他形式的磨损。例如,疲劳磨损的磨屑会导致磨粒磨损,而磨粒磨损所形成的洁净表面又将引起腐蚀磨损或黏着磨损。微动磨损就是一种典型的复合磨损。在微动磨损过程中,可能出现黏着磨损、氧化磨损、磨粒磨损和疲劳磨损等多种磨损形式。随着工况条件的变化,不同形式磨损的主次不同。

3. 相关机理模型

自 1953 年,磨损机理的研究就得到了重视,虽然个别的磨损方程已经很接近量化的测量值,但是至今没有形成通用的量化方程来预测一定精度的磨损率和磨损量。其中,许多方程都是利用固体力学机理分析的方法得到的,包括了材料特性、热力学量或者其他的工程变量。早期的磨损方程大多都是经验方程。这些经验方程是根据实验得到的数据直接建立起来的,且仅在测试范围才是有效的。由于理论方程大多数描述的磨损问题是在固定滑动条件下进行的,通常没有考虑温度、表面粗糙度等因素的改变。随后,基于接触力学的磨损方程开始被广泛应用。这些方程通常都是以系统模型开始,假设工作条件之间只是简单的关系。为了计算接触的局部区域,这些方程也考虑了接触表面的形貌。许多方程都是基于这样一种假设:常规的材料特性(通常是弹性模量 E 或硬度 H)在磨损过程中的作用很重要。其中,最典型的磨损方程是 Archard 模型,该模型是基于接触力学并主要用于描述黏着磨损。该模型推导示意可参见图 3.5,具体推导过程如下。

选取摩擦副之间的黏着点为以 a 为半径的圆,每一个黏着点的接触面积为 πa^2。假设摩擦副一端为较硬材料,摩擦副另一端为较软材料,并且法向载荷 W 是由 n 个半径为 a 的相同微凸体承载的。当材料发生塑性变形时,法向载荷 W 与较软材料的受压屈服极限 σ_s 密切相关,可以表示为

$$W = \pi a^2 \sigma_s n \tag{3.27}$$

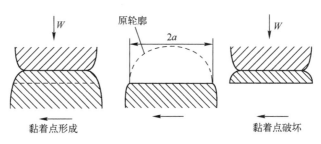

图 3.5 黏着磨损模型

当摩擦副发生相对滑动,且黏着点沿球面破坏时,所产生的磨屑为半球形,其磨损体积为 $\frac{2}{3}\pi a^3$,则单位滑动距离的总磨损量为

$$Q_s = \frac{\frac{2}{3}\pi a^3}{2a} \times n = \frac{\pi a^2}{3} n \qquad (3.28)$$

结合式(3.27)和式(3.28),可得

$$Q_s = \frac{W}{3\sigma_s}$$

上式是在假设各个微凸体在接触时均产生一个磨粒推导出的,如果考虑到微凸体中产生磨粒的概率数 K(也称为磨损系数)和滑移距离 L,则接触表面的黏着磨损量可以表示为

$$Q = K \frac{WL}{3\sigma_s}$$

对于弹性材料,$\sigma_s \approx H/3$,其中 H 为布式硬度值,最终 Archard 模型的形式可以表示为

$$Q = K \frac{WL}{H}$$

如果已知磨损量阈值 V_{th},则相应的磨损寿命 TF 为

$$TF = \frac{HV_{th}}{KW} \qquad (3.29)$$

需要指出的是,该磨损寿命 TF 是指摩擦副达到磨损量阈值 V_{th} 时所滑动的距离,对于具体磨损时间,还应进一步考虑摩擦副的运动形式进行进一步计算。

该模型中反映磨损行为的主要参数是磨损系数 K,该参数表示与两个粗糙峰接触产生磨损颗粒的概率。众多文献中有很多关于磨损系数 K 的真实意义的讨论,但是实际上它也必须表述成松散颗粒尺寸的可能分布,以及松散的颗粒离开系统而不是重新附着的概率。

目前,国内外学者根据不同的磨损类型提出了不同的磨损机理模型,其中以 Archard 磨损模型在工程上最为被广泛认可。此后几十年研究得到的磨损计算模型大部分是由 Archard 磨损模型发展而来的。随着计算机仿真等新科技方法的应用,以及摩擦磨损相关学科领域的逐步发展,磨损模型在理论上更加完善,计算方法更为创新。但是受限于实验条件和实际工况条件的差异,这些理论与实际工程应用存在一定的距离,理论模型系数的取值范围的确定还需进一步细致的研究工作。

3.3.3 老化

1. 基本概念

老化是橡胶等高分子材料的产品失效的重要失效机理之一,表示为材料在不同环境因素和材料自身因素的作用下,引起材料表面或材料物理化学性质和机械性能的改变,最终丧失工作能力而失效,是一种不可逆的物理、化学变化[20]。

非金属材料的环境老化与金属腐蚀有着本质的差别。金属腐蚀在大多数情况下可用电化学过程来表征,其本质是材料表面与环境介质之间发生化学或者电化学多相反应。腐蚀在微观上,是材料相态或价态发生变化;在宏观上,是材料质量、强度等性能的损失。而非金属不导电,所以其腐蚀过程不具有电化学腐蚀规律。并且,金属的腐蚀过程多在金属的表面发生,并逐渐向深处发展;对于非金属材料,介质可以向材料内渗透扩散,同时介质也可将高分子材料中某些组分萃取出来。这是引起和加速非金属材料老化过程的重要原因[21]。

从材料自身因素看,影响材料老化的因素主要包括分子结构特征、分子极性、缺陷以及配方成分等;从环境因素看,影响材料老化的因素主要包括化学介质(如物理状态、化学性质、分子体积和形状、分子极性、流动状态等)、使用条件(如光、高能辐射、热以及作用力等)。

2. 相关机理模型

关于材料老化的相关寿命模型的研究最早是从 20 世纪 60 年代开始的,最初的模型大多是唯象模型,只能描述材料的行为而不解释材料的物理机理。最早发展起来并得到广泛应用的模型主要是单因子模型,即模型考虑的因素只能是众多影响因素中的一种,例如阿伦尼乌斯模型。该模型是目前工程上描述热老化最为广泛采用的模型形式,是由阿伦尼乌斯在 1880 年通过对大量数据的归纳总结,发现反应速率与激活能的指数成反比,与温度倒数的指数成反比规律后所构建的。具体模型表示式为

$$\frac{\partial P}{\partial t} = \text{rate}(T) = A e^{-E_a/kT} \tag{3.30}$$

式中：P 为产品某性能参量或退化量，$\dfrac{\partial P}{\partial t} = \text{rate}(T)$ 为在温度 T 下的化学反应速率；A 为与材料相关的常数；k 为玻尔兹曼常数，为 $8.617 \times 10^{-5}\,\text{eV/K}$；$T$ 为热力学温度(K)；E_a 为材料的激活能(eV)。

式(3.30)中的激活能表征了产品从正常未失效状态向失效状态转换过程中存在的能量势垒。激活能越大则发生失效的物理过程进行得越缓慢或越困难，反之则更快更容易。然而，激活能对基元反应才有较明确的物理意义（反应机理中的每一步反应叫作一个基元反应，由两个或两个以上基元反应构成的化学反应成为复杂反应或非基元反应）。对于复杂反应，试验测得的是各基元反应激活能的组合，即表观激活能。由此可见，工程中实际测得或计算得到的都是宏观表现的激活能，即表观激活能。由于激活能来源于化学反应速率，因此它主要取决于化学反应、腐蚀、物质扩散或迁移等过程的失效机理。

由于这类模型的各种参数只能通过试验得到，而且需要花费大量的时间和精力，因此，研究人员开始着手于通过分析试验材料的化学物理特征，进而研究相应的老化机理用以构建模型。但是，由于材料的不同以及材料面临的工作环境变得更加复杂，导致构建的物理模型存在比较大的差异。目前在工程上还是主要基于阿伦尼乌斯模型形式构建的老化机理模型。以下列出了典型的橡胶类以及塑料类产品老化寿命模型形式。

(1) 橡胶类产品老化寿命模型：

$$\text{TF} = \left[\dfrac{\ln \dfrac{A_1}{1-y}}{A_2 \exp\left(-\dfrac{E_a}{kT}\right)} \right]^{\dfrac{1}{\alpha}} \tag{3.31}$$

式中：TF 为老化寿命；y 为临界压缩永久变形量，通常可以根据橡胶种类查材料手册给出；A_1 为与初始时刻压缩永久变形相关的常数；α 为老化反应时间指数；A_2 为频率因子。

(2) 塑料类产品老化寿命模型：

$$\lg \text{TF} = \lg \dfrac{2.303 \lg \varepsilon}{A} + \dfrac{E_a}{2.303 kT} \tag{3.32}$$

式中：ε 为性能保持百分比。

参考文献

[1] 张清源. 不确定随机系统的确信可靠性度量与分析[D]. 北京：北京航空航天大学，2020.

[2] 刘立名,段梦兰,柳春图,等. 对裂纹扩展规律 Paris 公式物理本质的探讨[J]. 力学学报,2003,35(2):171-175.

[3] YIN Y,CHEN Y X,LIU L. Lifetime prediction for the subsurface crack propagation using three-dimensional dynamic FEA model[J]. Mechanical Systems and Signal Processing,2017,87:54-70.

[4] LEMAITRE J. A course on damage mechanics[M]. New York:Springer-Verlag,1996.

[5] CHEN Y X,GONG W J,KANG R. Coupling behavior between adhesive and abrasive wear mechanism of aero–hydraulic spool valves[J]. Chinese Journal of Aeronautics,2016,29(4):1119-1131.

[6] SURESH S. Fatigue of materials[M]. London:Cambridge University Press,1998.

[7] ASTM. Definitions of terms relating to fatigue testing and the statistical analysis of fatigue data:ASTM E206-72[S]. West Conshohocken:ASTM, 1979:1.

[8] FATEMI A,SHAMSAEI N. Multiaxial fatigue:an overview and some approximation models for life estimation[J]. International Journal of Fatigue,2011,33(8):948-958.

[9] 洪友士,孙成奇,刘小龙. 合金材料超高周疲劳的机理与模型综述[J]. 力学进展,2018,48(1):1-65.

[10] DOWLING N E. Fatigue failure predictions for complicated stress-strain histories[J]. Journal of Materials,1971,7(1):1-87.

[11] SCHIJVE J. Effect of load sequences on crack propagation under random and program loading[J]. Engineering Fracture Mechanics,1973,5(2):269-280.

[12] PARIS P C,ERDOGAN F A. Critical analysis of crack propagation laws[J]. Journal of Basic Engineering ASME (Series D),1963,85(4):528-534.

[13] DONAHUE R J,CLARK H M,ATANMO P,et al. Crack opening displacement and the rate of fatigue crack growth[J]. International Journal of Fracture,1972,8(2):209-219.

[14] PRIDDLE E K. High cycle fatigue crack propagation under random and constant amplitude loadings[J]. International Journal of Pressure Vessels and Piping,1976,4(2):89-117.

[15] PALMGREN A. Die lebensdauer von kugellagern[M]. Berlin:Verfahrenstechnik,1924.

[16] PALMGREN A. The life of ball bearings[M]. Berlin:Verfahrenstechnik,1924.

[17] MINER M A. Cumulative damage in fatigue[J]. Journal of Applied Mechanics-Transactions of the ASME,1945,12(3):A159-A164.

[18] 张小丽,陈雪峰,李兵,等. 机械重大装备寿命预测综述[J]. 机械工程学报,2011,47(11):100-116.

[19] 温诗铸,黄平. 摩擦学原理[M]. 北京:清华大学出版社,2002.

[20] 李晓刚. 高分子材料自然环境老化规律与机理[M]. 北京:科学出版社,2011.

[21] 许尔威. 材料老化寿命预测与软件开发[D]. 沈阳:东北大学,2014.

第4章

机械产品寿命仿真分析方法

4.1 原理及流程

寿命仿真分析方法是基于累积损伤原理,利用计算机仿真手段和故障机理模型对产品寿命开展预测与分析的一种方法。开展寿命仿真分析的目的是通过分析确定产品在全寿命周期内可能存在的各种耗损型故障机理,计算耗损失效时间,进而为产品寿命设计、试验与评价的开展奠定基础。

寿命仿真分析的关键在于对所辨识出的故障机理开展应力仿真分析以及故障时间计算。其中,应力仿真分析主要是通过构建产品的数字样机,尽可能模拟产品在全寿命周期载荷历程下的应力变化过程。故障时间计算主要是借助产品的故障机理模型和累积损伤理论,分析确定产品在给定故障阈值下的故障时间。由于所采用的故障机理模型属于确定性的模型,即在一组给定的输入条件下,系统或单元的故障行为是确定的,因此所预测的产品寿命也是确定性的。但是,考虑到产品在实际使用过程中所经历的使用条件和环境条件等外部因素的不确定性,以及在生产、制造、装配等过程中存在的自身内部因素的不确定性,可能会导致产品在持续运行过程中的故障行为存在差异,最终使得产品实际使用寿命存在着分散性特征。因此,还需充分考虑引起寿命分散性的内、外因不确定性问题,结合设计、生产过程以及实际使用条件确定内、外因参数的不确定性特征,进一步给出考虑内、外因不确定性的寿命分析方法,用以弥补确定性寿命分析方法无法表征产品使用条件下可靠寿命的不足。综上所述,产品寿命仿真分析方法主要流程如图4.1所示。

第 4 章 机械产品寿命仿真分析方法

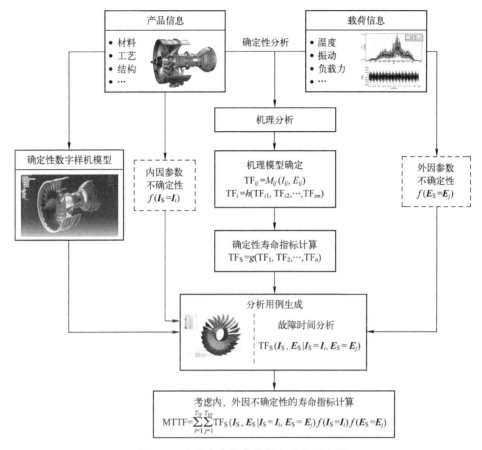

图 4.1 产品寿命仿真分析方法主要流程

4.2 基于确定性模型的寿命仿真分析方法

基于确定性模型的寿命仿真分析方法是在尽可能模拟产品全寿命周期载荷历程(包括工作载荷和环境载荷)的基础上,通过对产品开展机理分析建立数字样机,用以开展应力仿真分析,并结合累积损伤理论预计各个机理的耗损失效时间,最终确定产品的寿命水平。基于确定性模型的寿命分析方法主要流程如图 4.2 所示。

4.2.1 机理分析

机理分析是通过对产品最低约定层次单元的梳理,以及各单元在全寿命周期内所受的载荷分析,进而确定产品在全寿命周期内所有可能潜在的耗损型故障机理的过程。因此,机理分析应作为后续产品寿命指标计算的基础。相关机理分析流程可参见第 2 章所述。

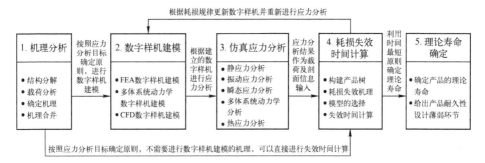

图 4.2　基于确定性模型的寿命仿真分析方法主要流程

4.2.2　数字样机建模

数字样机(digital mock-up)是相对于物理样机而言的,是指在计算机上表达的机械产品整机或子系统的数字化模型,它与真实的物理样机之间具有 1∶1 的比例和精确的尺寸表达,并且能够体现真实物理样机的功能和性能[1]。在本书中,数字样机建模的目的是获取产品在寿命周期载荷历程下相关故障机理模型所需的应力输入值。由于故障机理及相对应的敏感载荷类型的差异,因此所需构建的数字样机类型也不相同,具体可以分为以下几类[2]:

(1)针对具有疲劳类机理和磨损类机理的复杂产品,在难以通过理论数值计算获取产品受载下的应力情况时,应构建 FEA 数字样机,开展静应力、瞬态应力和振动应力仿真分析:

① 静应力仿真分析,主要模拟产品在恒定载荷或交变载荷条件下的应力分布情况;

② 瞬态应力仿真分析,主要模拟产品在承受瞬态载荷过程中应力随时间的变化情况;

③ 振动应力仿真分析,主要模拟产品在承受振动载荷下的振动模态以及在敏感位置的等效应力。

(2)针对含有老化类机理的产品,如果在环境温度和工作温度综合作用下存在温度梯度,应构建计算流体动力学(CFD)数字样机,开展温度场仿真分析。

(3)针对具有复杂运动结构的产品,难以明确各个单元的局部载荷情况,在开展应力仿真分析前,应构建多体动力学数字样机,获取各个单元的局部载荷大小及持续时间。

(4)对于具有简单结构的产品,如果可以直接通过理论数值计算获取产品受载下的应力情况,则可不开展仿真分析,并采用理论数值计算结果作为寿命指标计算的输入条件。

4.2.3 仿真应力分析

基于所构建的数字样机模型开展仿真应力分析,可用来获取相应故障机理模型所需的应力输入值。表4.1列举了典型应力仿真所需信息及实施要求。针对不同的仿真应力类型,所需的仿真输入信息、实施流程以及仿真软件等可能存在差异,对此需要在保证仿真结果能够准确描述产品实际状态的前提下,根据分析人员的实际仿真能力进行合理调整。并且,为了准确描述产品的实际寿命特征,开展应力仿真所需的载荷应涵盖产品寿命周期载荷谱内的所有工况。

表4.1 典型应力仿真所需信息及实施要求

仿真应力类型	输入信息	输出结果	仿真实施要求
静应力	(1) FEA数字样机; (2) 产品寿命周期内所受载荷历程; (3) 约束条件	(1) 产品全寿命周期内所有可能的工作载荷与环境载荷产品的应力和变形大小; (2) 产品的应力和变形分布云图; (3) 产品的最大应力部位和最大应力值	(1) 根据产品实际受力情况和位移约束情况施加不同类型的载荷和约束条件,需要考虑产品全寿命周期内所经历的所有载荷历程和约束条件; (2) 必须分析产品在最大载荷条件下的应力分布情况,并根据静强度计算准则,指出设计中的问题以及不能满足要求的薄弱部位
瞬态应力	(1) FEA数字样机; (2) 产品运行过程中所受动态载荷历程; (3) 产品运行过程中所受约束条件; (4) 持续受载时间	(1) 产品在运行过程中的应力和应变随时间的变化云图; (2) 产品应力及应变随时间的变化曲线,并从中找出最大应力、应变时刻的产品运行状态以及最大应力和最大应变发生的位置; (3) 产品在运行过程中的位移及自身变形量	(1) 施加的载荷历程应该符合产品的真实受载状态; (2) 根据产品实际约束状态,施加相应的约束条件,所施加的约束限制的自由度必须符合实际情况; (3) 瞬态应力仿真的持续时间应包括产品运行过程中的最大载荷作用时刻,最好能反映一个完整的运动周期; (4) 仿真过程中设置的时间步不宜过小,至少应大于10步
振动应力	(1) FEA数字样机; (2) 产品全寿命周期下的振动载荷; (3) 产品振动控制条件	(1) 产品的固有模态; (2) 全寿命周期内振动载荷作用下的产品薄弱位置的等效应力	(1) 应按照产品(包括组成产品的所有部件)模态分析-频率响应分析-随机响应分析的顺序完成分析; (2) 开展模态分析时,模态提取阶数应满足设计频率范围要求,至少应大于6阶; (3) 进行频率响应分析时,应通过调整频率步长、阻尼系数等满足精度要求; (4) 进行随机响应分析时,应对产品连接处的应力情况分析,然后进行应力曲线选取; (5) 必须分析产品在最大振动条件下的振动响应分布,并依据抗振动设计准则、规范和许用范围,指出设计中的问题以及不能满足要求的薄弱环节

续表

仿真应力类型	输入信息	输出结果	仿真实施要求
多体系统动力学	（1）多体系统动力学数字样机；（2）系统仿真的时间；（3）产品的工作环境；（4）产品的受力情况	（1）输出指定受力条件下的力、位移等结果数据；（2）输出各个变量的曲线图、系统运动状态图等	（1）动力学分析的边界条件应与产品实际保持一致；（2）应明确要求的输出参量；（3）针对产品运行全过程，应绘制仿真输出结果随时间的变化曲线；（4）针对不同的仿真需求，多体系统动力学的分析类型应包括以下几类：① 刚体的运动特性分析，主要是分析刚体的速度、加速度和位移等物理量随时间变化的关系以及变化关系对整个系统响应的影响；② 刚体的动力特性分析，主要是分析刚体的力、力矩响应随时间、位移的变化关系
热应力	（1）CFD 数字样机；（2）产品寿命周期温度环境条件；（3）产品温度控制条件	（1）指定条件下的产品内部温度分布情况；（2）指定条件下的内部关键零部件温度结果	（1）采用计算流体力学数值分析方法对产品进行稳态温度分析；（2）应全面考虑热生成和热交换过程；（3）分析产品在最高/最低工作温度下的稳态温度分布情况，以便进一步分析其中的部件受温度影响的情况

4.2.4 确定性寿命指标获取

在获取各个故障机理模型所需的应力后，结合内、外因参数特征，并基于故障机理模型可以获取产品各个机理的耗损故障时间，计算流程如下：

（1）构建产品树。首先根据机理分析结果构建产品树，产品树的结构应与机理分析所确定的最低约定层次单元一致。

（2）故障机理模型的选择。针对所构建的产品树，对每个节点单元（即产品的最低约定层次单元）的故障机理分别选择合适的故障机理模型。

（3）耗损故障时间计算。根据选定的故障机理模型，结合产品静应力分析、振动应力分析、瞬态应力分析、多体系统动力学分析以及热应力分析结果，分别输入相应内、外因参数信息，计算各个最低约定层次单元对应的故障机理的耗损故障时间，即

$$TF_{ij} = M_{ij}(I_{ij}, E_{ij}) \tag{4.1}$$

式中：TF_{ij} 表示第 i 个单元的第 j 个机理发生的时间，并且与内因参数向量 I_{ij} 以及外因参数向量 E_{ij} 密切相关。

需要注意的是，机械产品的寿命周期剖面通常包含多个任务剖面，每个任务剖面又包含了多种工况，针对这种情况需要根据机理模型计算各个工况的损伤量，再根据实际剖面的占比情况，采用累积损伤的方法进一步确定在规定寿

命周期内的损伤量及相应的耗损故障时间。

在此基础上,各个单元的故障是由内部机理综合作用的结果,因此,单元寿命 TF_i 可以通过机理模型进行计算,即

$$TF_i = h(TF_{i1}, TF_{i2}, \cdots, TF_{im}) \quad (4.2)$$

式中 $h(\cdot)$ 描述了单元内部机理的相互影响关系,如果单元内部只存在一种故障机理,则单元寿命即为该机理发生的时间,如果单元内部存在多机理耦合特性,则具体影响形式可以参见本书 3.2 节所示。

从产品层次上看,机械产品的整体寿命 TF_S 取决于所组成的各个单元寿命 TF_i,可以通过产品故障逻辑模型进行描述,即

$$TF_S = g(TF_1, TF_2, \cdots, TF_n) \quad (4.3)$$

式中 $g(\cdot)$ 描述了单元寿命与产品寿命间的逻辑关系。不同的逻辑关系使得所构建的故障逻辑模型存在显著差异,需要根据产品实际特征进行构建。例如,假设产品内部任意一个单元发生故障,产品整体就会发生故障时,则单元故障间遵循竞争关系,可利用时间最短原则计算产品寿命,即 $TF_S = \min(TF_1, TF_2, \cdots, TF_n)$。

综上所述,产品的整体寿命 TF_S 可统一概述为

$$\begin{aligned} TF_S(\boldsymbol{I}_S, \boldsymbol{E}_S) &= g[h(TF_{11}, TF_{12}, \cdots, TF_{1m_1}), h(TF_{21}, TF_{22}, \cdots, TF_{2m_2}), \cdots, \\ &\quad h(TF_{n1}, TF_{n2}, \cdots, TF_{nm_n})] \\ &= g[h(M_{11}(\boldsymbol{I}_S, \boldsymbol{E}_S), \cdots, M_{1m_1}(\boldsymbol{I}_S, \boldsymbol{E}_S)), \cdots, h(M_{n1}(\boldsymbol{I}_S, \boldsymbol{E}_S), \cdots, \\ &\quad M_{nm_n}(\boldsymbol{I}_S, \boldsymbol{E}_S))] \end{aligned} \quad (4.4)$$

其中,各个机理的内、外因参数向量中的参数集合均是该产品整体参数向量 $\boldsymbol{I}_S$ 参数集合的子集,即 $\{I_{ij,1}, I_{ij,2}, \cdots, I_{ij,u}\} \subseteq \{I_{S,1}, I_{S,2}, \cdots, I_{S,T_{IF}}\}$,$\{E_{ij,1}, E_{ij,2}, \cdots, E_{ij,v}\} \subseteq \{E_{S,1}, E_{S,2}, \cdots, E_{S,T_{EF}}\}$,$u$、$v$ 分别为某机理相关的内、外因参数向量中参数的个数,T_{IF}、T_{EF} 分别为与产品整体相关的内、外因参数向量中参数的个数。

4.3 考虑内、外因参数不确定性的寿命分析方法

考虑内、外因参数不确定性的产品寿命分析是在确定性模型的寿命分析基础上,进一步开展针对不确定环境下的产品寿命分析活动。首先,对内因和外因的特征参数及其分布规律进行提取,并利用相应的概率密度函数表征故障机理模型中的内因参数和外因参数的不确定性特征;其次,基于故障机理模型以及产品的故障逻辑模型,构建描述底层故障机理到产品故障行为关系的故障行为模型;在此基础上,进一步考虑内、外因参数的不确定特征,通过数理统计方法获取产品的寿命指标。

4.3.1 内、外因特征参数提取及分布规律确定

在实际的生产制造过程中,受到生产、制造、材料、加工方法、人工测量和环境等干扰因素的影响,产品故障行为模型中的内、外因特征参数会存在一定的波动性[3]。因此,产品实际故障时间也会因内、外因参数的波动性而存在一定的分散性。其中,将确定性模型转化成概率物理模型的关键是获取模型中内因参数和外因参数服从的分布及其表征方法,在本节中采用分布律或者密度函数的形式表示,即 $f(\boldsymbol{I})$ 和 $f(\boldsymbol{E})$。

1. 内因参数提取及分布规律确定

内因参数主要是指机械产品几何尺寸、装配精度等与自身设计相关的参数。内因参数的不确定性主要来源于生产、加工以及装配等过程,其分散性的大小很大程度上决定了机械产品的使用性能及寿命水平。机械产品常见的内因参数不确定性主要包含尺寸公差、形状公差、位置公差等[4]。

(1) 尺寸公差,主要指允许尺寸的变动范围,数值上等于最大与最小极限尺寸差的绝对值。

(2) 形状公差,主要指单一实际要素所允许的变动量,包括直线度、平面度、圆度、圆柱度、线轮廓度和面轮廓度等。

(3) 位置公差,主要指关联实际要素的位置对基准所允许的变动全量,它限制了被测要素对基准要素所要求的几何关系上的错误,主要包括定位公差、定向公差、跳动公差等。

通常情况下,内因参数的分布规律可以假设服从正态分布形式,分布参数可以根据许用公差范围与实际公差控制能力进行确定,其中,均值 μ 为相应参数的设计值,标准差 σ 用来描述该参数的分散性。对于机械产品,通常并未给出具体的标准差取值,而更多的是采用公差范围进行描述。因此,需要设计人员针对自身产品的公差控制能力,并参考正态分布的西格玛(3σ)范围内的概率值进行确定(图4.3)。假设某一参数 x 的许用范围为 $L_{mean} \pm \Delta L_t$,其中 L_{mean} 为设计值,ΔL_t 为许用公差,且参数满足该范围的概率为99.73%,则可认为许用公差对应于 3σ 范围内,则该参数服从的正态分布均值 $\mu = L_{mean}$,标准差 $\sigma = \Delta L_t / 3$。需要说明的是,上述方法仅限于已知静态误差服从正态分布的情况,当分布类型未知时,则需要对其可能服从的概率分布类型进行假设,并通过现有数据对分布参数进行估计,进而对假设分布进行假设检验,最终辨识所服从的分布类型以及分布参数值。

2. 外因参数提取及分布规律确定

机械产品在寿命周期内往往需要执行多种不同的任务,不同任务剖面下的

工作和环境载荷通常存在差异,即使执行相同的任务,所受的载荷历程也不完全相同且呈现分散性特征。因此,需要对外因参数进行提取用以确定机械产品执行任务过程中各种典型任务剖面的特征载荷及其分散性。

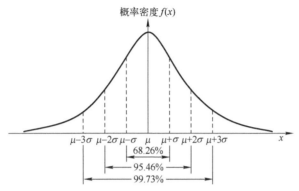

图 4.3　正态分布 3σ 范围内的概率

机械产品寿命周期内的任务剖面及载荷特征参数的确定过程可参见 2.1 节。在此基础上,还需要获得这些参数所服从的分布类型 $f(X)$ 及分布特征参数,其中 X 表示载荷特征参数,例如温度、振动、湿度等。载荷特征参数服从的分布类型可以通过对历史数据或实际测量值进行统计分析确定,也可以通过调研国内外文献相似产品的分析数据获取。下面以某型飞机所经历的典型载荷为例,介绍相关载荷分布类型及其分布规律的确定过程。

1) 温度载荷

飞机在不同任务阶段下温度载荷的确定过程并不相同。例如,对于起飞和降落阶段,可以通过统计起飞时各大机场历年的温度获得温度特征参数及其分布;对于巡航阶段,高度对温度具有直接影响,在对流层范围内气温随着高度的增加而递减,而在平流层范围内气温随高度的增加反而上升。并且不同类型的飞机巡航高度有很大差异,对于民航飞机一般是在平流层飞行,而对于以作战为主的军用飞机,由于任务的需要一般在低空气候复杂的对流层飞行。因此需要根据实际分析对象的巡航高度来统计高空温度分布,同时要考虑飞机自身发热对温度的影响。

2) 振动载荷

振动载荷主要受到路面状况、执行的任务阶段、安装位置等因素的影响。针对已有的产品,可以根据其执行任务的地点、任务阶段等通过搜集以往实测数据或仿真数据并进行统计分析得到;对于新研制产品,可以参照相似产品的载荷信息获取分布。

3) 湿度载荷

湿度除与所处的地理位置、气候等有关外,还与温度有关,因此,需要综合考虑温度分布、各地湿度历史统计数据等分析获得其分布类型及其分布规律。

由此,该型飞机的载荷特征参数提取结果如表4.2所列。

表 4.2 某型飞机载荷特征参数提取结果

任务剖面	执行概率	任务阶段	持续时间/min	机舱温度/℃	温度变化/(℃/min)	加速度功率谱密度/[(m/s²)²/Hz]		功率谱密度分布
						W_0	W_1	
中-中-高	11.74%	地面不工作,冷天	30	-45	正态分布均值-45,方差2	无	无	正态分布均值为名义值,方差为名义值的10%
		地面工作,冷天	30	-45	正态分布均值-45,方差2	无	无	
		爬升	1.8	-4	正态分布均值-4,方差0.2	0.03	0.02	
		巡航	29.55	-10	正态分布均值-10,方差0.5	0.06	0.03	
		...	...	...	...	...	...	...
高-高-高	20.35%							
巡逻	40.76%				...			
起落航线	27.15%							

4.3.2 考虑内、外因参数不确定性的寿命指标获取

考虑到内、外因参数不确定性的影响,机械产品寿命指标的预测结果也存在着分散性,因此可在确定性的产品故障行为模型基础上,进一步考虑内、外因参数的分布特征,进而计算得到机械产品的 MTTF,具体的计算形式如下[5]:

$$\mathrm{MTTF} = E(\mathrm{TF_S}) = \int_0^\infty \int_0^\infty \mathrm{TF_S}(\boldsymbol{I}_S,\boldsymbol{E}_S)f(\boldsymbol{I}_S,\boldsymbol{E}_S)\mathrm{d}\boldsymbol{I}_S\mathrm{d}\boldsymbol{E}_S \quad (4.5)$$

式中:$f(\boldsymbol{I}_S,\boldsymbol{E}_S)$ 为内、外因参数的联合概率密度函数。

对于内、外因参数取值为离散的情况,式(4.5)可以表示为

$$\mathrm{MTTF} = \sum_{i=1}^{T_{\mathrm{IF}}} \sum_{j=1}^{T_{\mathrm{EF}}} \mathrm{TF_S}(\boldsymbol{I}_S,\boldsymbol{E}_S \mid \boldsymbol{I}_S=\boldsymbol{I}_i,\boldsymbol{E}_S=\boldsymbol{E}_j)f(\boldsymbol{I}_S=\boldsymbol{I}_i)f(\boldsymbol{E}_S=\boldsymbol{E}_j) \quad (4.6)$$

式中:$f(\boldsymbol{I}_S=\boldsymbol{I}_i)$、$f(\boldsymbol{E}_S=\boldsymbol{E}_j)$ 分别为内、外因参数的分布律。

但是针对较为复杂的机械产品,通常情况下式(4.6)的解析解往往无法获取,因此可以采用数值仿真的方法进行 MTTF 的计算。其中,一个重要的环节即为分析用例生成。分析用例生成是指在给定的内、外因参数的概率密度函数 $f(\boldsymbol{I})$ 和 $f(\boldsymbol{E})$ 下,通过生成一组样本量为 N 的随机样本,并利用这些样本采用蒙特卡罗仿真方法,实现 MTTF 的计算获取。生成随机样本的方法有很多种,例

如直接抽样法(反函数法)、挑选抽样法、复合抽样法等。下面以直接抽样法为例,示意分析用例生成的具体过程[6]。

首先,对于任意给定的分布函数 $F(x)$,生成一组样本量为 N 且服从范围为 $(0,1)$ 均匀分布的伪随机数,记为 $\xi_1,\xi_2,\cdots,\xi_N$。在此基础上,通过式(4.7)将生成的伪随机数转变为服从函数 $F(x)$ 的随机序列:

$$X_i = \inf\{t \mid F(t) \geqslant \xi_i\} \quad (i=1,2,\cdots,N) \tag{4.7}$$

针对离散型分布 $F(x) = \sum_{x_i<x} P_i$,其中,$x_1,x_2,\cdots$ 为相应的分布函数间断点,$P_1,P_2,\cdots$ 为相应的概率,则直接抽样法可以表示为

$$X_F = x_I \quad \left(当 \sum_{i=1}^{I-1} P_i < \xi \leqslant \sum_{i=1}^{I} P_i\right)$$

针对连续型分布,如果分布函数 $F(x)$ 的反函数 $F^{-1}(x)$ 存在,则直接抽样法可以表示为

$$X_F = F^{-1}(\xi)$$

基于分析用例生成所获取的 N 组的随机样本,根据式(4.4)分别计算得到对应的故障时间 $TF_{S,i}(1 \leqslant i \leqslant N)$,并对 N 个故障时间求取算数平均值,即为所需获取的 MTTF 指标。

4.4 应用案例

下面同样以 2.2.2 节的某机械备份作动器为案例,介绍寿命仿真分析方法的综合应用。

4.4.1 机理分析

通过开展基于结构分解的故障机理分析方法确定了该作动器所有可能的耗损型故障机理(见表 2.10)。

4.4.2 数字样机建模

以活塞杆接头的疲劳机理为例,构建 FEA 数字样机模型。其具体步骤如下:①对活塞杆接头的三维模型进行简化,忽略细小孔洞以及微小细面以便提高仿真计算效率;②考虑到活塞杆接头材料为 50CrVA,设置相应的材料参数,例如密度、弹性模量、泊松比等;③针对活塞杆接头的功能原理及实际受载特征,在关节轴承处设置轴向力,其具体取值依据所梳理出的寿命周期剖面而定;④在活塞杆接头与活塞杆的接触面设置固定约束,并且设置接头主体与关节轴承接触面的接触形式为摩擦接触,摩擦系数为 0.15。最终,所构建的活塞杆数

字样机模型如图 4.4 所示。

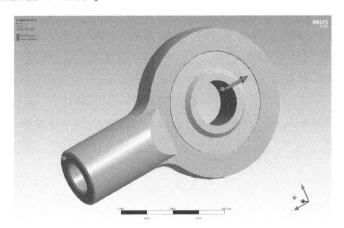

图 4.4　活塞杆接头数字样机模型

4.4.3　仿真应力分析

基于所构建的数字样机模型,计算活塞杆接头在全寿命周期内各个工况下的应力值。其中,活塞杆接头在 8kN 轴向力下的应力仿真结果如图 4.5 所示。从图 4.5 中可以看出,活塞杆接头的最大应力位置出现在接头环与杆体连接位置,最大应力达到 167MPa。

图 4.5　活塞杆接头应力仿真结果

4.4.4　耗损故障时间计算

结合该型作动器的机理分析结果以及其应力仿真分析结果,采用故障机理模型以及累积损伤原理,计算各个机理对应的耗损故障时间计算。

首先,构建该作动器的产品树,产品树的各节点为通过机理分析所确定的最低约定层次单元,即密封圈、筒体、活塞杆接头、活塞杆等。其次,针对该作动器的不同最低约定层次单元的耗损型故障机理,分别选择对应的故障机理模型,模型选择结果如表4.3所列。

表4.3 某型作动器最低约定层次单元故障机理模型选择结果

序 号	最低约定层次单元	耗损故障机理	零件类型	模型名称
1	密封圈(001)	老化	密封件	橡胶类老化寿命计算模型
2	筒体(002)	磨损	承力件	磨损寿命计算模型
3		疲劳		名义应力寿命计算模型
4	活塞杆接头(003)	疲劳	运动件	名义应力寿命计算模型
5	活塞杆(004)	疲劳	运动件	名义应力寿命计算模型
6		磨损		磨损寿命计算模型
7	自锁螺母(005)	疲劳	螺纹件	螺纹寿命计算模型
8	活塞头(006)	疲劳	运动件	名义应力寿命计算模型
9	保护圈(007)	磨损	密封件	磨损寿命计算模型
10		老化		橡胶类老化寿命计算模型
…	…	…	…	…

在选定耗损故障机理模型后,结合作动器仿真应力分析结果,分别输入相应的材料结构参数、载荷参数、阈值参数与剖面信息,并基于累积损伤理论计算耗损故障时间,计算结果如表4.4所列。

表4.4 某型作动器最低约定层次单元耗损故障时间计算结果(部分结果)

产品	最低约定层次单元(编号)	故障机理类型	故障机理模型	模型参数设置		耗损故障时间计算结果	对应寿命指标类型
				参数类型	参数值		
某作动器	密封圈(001)	老化	橡胶类老化寿命计算模型	材料结构参数	密封圈初始压缩变形常数:1 老化反应时间指数:0.46 频率因子:22026 活化能(J/mol):35002	老化寿命:3489h(飞行小时)	不满足首翻期[首翻期要求:6000h(飞行小时)]
				载荷参数	—		
				阈值参数	临界压缩永久变形:0.7		
				剖面信息	各级油温(℃):25,108,-20 各级油温下工作时间(h):7500,1000,1500		

续表

产品	最低约定层次单元（编号）	故障机理类型	故障机理模型	模型参数设置		耗损故障时间计算结果	对应寿命指标类型
				参数类型	参数值		
某作动器	筒体（002）	磨损	磨损寿命计算模型	材料结构参数	硬度(MPa):375 活塞杆满行程长度(mm):200 筒体与活塞杆的摩擦系数:0.2	磨损寿命:8.20×10^8次	满足总寿命[总寿命要求:24000h（飞行小时）]
				载荷参数	接触压力:10N		
				阈值参数	磨损深度阈值(mm):0.8		
				剖面信息	各级行程下循环次数:8000,16000,40000,200000,480000,3200000 行程比例系数:1,0.75,0.5,0.4,0.2,0.6 总循环次数:3944000		
		疲劳	名义应力寿命计算模型	材料结构参数	强度极限(MPa):1210 表面系数:1 尺寸系数:0.79 可靠性系数:0.868 疲劳极限(MPa):500 疲劳性能相关常数:-3.92	疲劳寿命:8.93×10^7次寿命安全系数:22	满足总寿命[总寿命要求:24000h（飞行小时）]
				载荷参数	各级载荷下最大应力(MPa):289,494,534,494,319,301 各级载荷下最小应力(MPa):0,0,0,0,0,0		
				阈值参数	—		
				剖面信息	各级载荷下循环次数:8000,16000,40000,200000,480000,3200000 总循环次数:3944000		
	活塞杆接头（003）	疲劳	名义应力寿命计算模型	材料结构参数	强度极限(MPa):1210 表面系数:1 尺寸系数:0.79 可靠性系数:0.868 疲劳极限(MPa):500 疲劳性能相关常数:-3.92	疲劳寿命:7.20×10^8循环次数（寿命安全系数182）	满足总寿命[总寿命要求:24000h（飞行小时）]

续表

产品	最低约定层次单元（编号）	故障机理类型	故障机理模型	模型参数设置		耗损故障时间计算结果	对应寿命指标类型
				参数类型	参数值		
某作动器	活塞杆接头（003）	疲劳	名义应力寿命计算模型	载荷参数	各级载荷下最大应力（MPa）：167,263,334,292,228,190 各级载荷下最小应力（MPa）：0,0,0,0,0,0	疲劳寿命：7.20×10^8循环次数（寿命安全系数182）	满足总寿命［总寿命要求：24000h（飞行小时）］
				阈值参数	—		
				剖面信息	各级载荷下循环次数：8000,16000,40000,200000,480000,3200000 总循环次数：3944000		
…	…	…	…	…	…	…	…

4.4.5 确定性寿命指标计算

基于各个机理所计算的耗损故障时间结果，本案例进一步假设同一单元的故障机理以及不同单元的故障行为均遵循竞争关系，因此可采用时间取短原则计算产品的寿命，即

$$TF_S(\boldsymbol{I}_S, \boldsymbol{E}_S) = \min\left[\min(TF_{11}, TF_{12}, \cdots, TF_{1m_1}), \cdots, \min(TF_{n1}, TF_{n2}, \cdots, TF_{nm_n})\right]$$
(4.8)

由此，可以确定该型作动器的理论寿命为4190h（飞行小时）。并且，对照作动器首翻期和总寿命指标要求，进一步确定该作动器设计的薄弱环节为：①密封圈（001）老化寿命计算结果为3489h（飞行小时），不满足首翻期要求；②关节轴承（020）的磨损寿命计算结果为2.25×10^6次，满足首翻期要求，但不满足总寿命指标要求。

4.4.6 考虑内、外因不确定性的寿命指标计算

在此基础上，进一步考虑到内、外因参数不确定性的影响。

首先，针对确定内、外因参数的分布规律及其特征参数进行考虑。针对内因参数，重点考虑到材料特征（疲劳常数b，许用疲劳极限σ_{-1}等参数不确定性的影响，假设上述三类参数均服从正态分布，其标称值即为分布的均值，并且假设参数偏差范围为10%，且许用偏差量对应于3σ的范围内（即满足该范围内的概率为99.7%），进而可以确定其标准差；其次，针对外因参数，考虑到各个工况最大负载可能存在±10%的波动，因此确定最大负载的最大值和最小值，并假设

服从均匀分布。

基于所确定的分布特征,本案例采用蒙特卡罗仿真方法进行内、外因参数的抽样,设置抽样样本量为1000次,并且将上述样本分别代入式(4.8)中计算各自对应的故障时间,其寿命分布直方图如图4.6所示。进一步对所生成的1000组的故障时间求取算数平均值,得到该作动器的MTTF为4444.7h(飞行小时)。

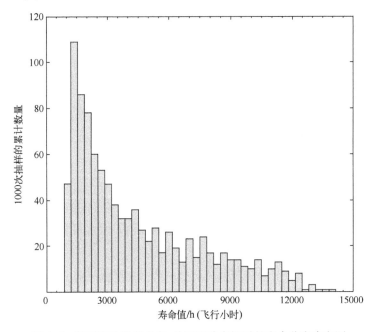

图4.6 某型作动器考虑内、外因不确定性时的寿命分布直方图

参考文献

[1] 杨欣,许述财. 数字样机建模与仿真[M]. 北京:清华大学出版社,2014.
[2] 中国航空综合技术研究所. 航空非电子产品耐久性仿真试验:Q/AVIC 05047—2018[S]. 北京:中国航空工业集团有限公司可靠性工程技术和管理中心, 2019:5.
[3] 陈云霞. 性能与可靠性一体化建模和分析方法研究[D]. 北京:北京航空航天大学,2004.
[4] 翟京举. 基于仿真分析的宇通商务车车身公差设计研究[D]. 长春:吉林大学,2017.
[5] 查国清,井海龙,陈云霞,等. 基于故障行为模型的产品寿命分析技术[J]. 北京航空航天大学学报,2016,42(11):2371-2377.
[6] 杨振海,程维虎. 非均匀随机数产生[J]. 数理统计与管理,2006,25(6):750-756.

第 5 章

机械产品寿命设计方法

5.1 原理及流程

机械产品的寿命水平与其内在材料、结构等设计参数以及外部载荷环境密切相关。因此,机械产品寿命设计是在寿命仿真分析的基础上,结合寿命指标要求及实际工程条件,借助工程优化理论及设计优化算法,通过构建并求解寿命设计优化模型,辨识最优设计参数的过程。其中,寿命设计的关键在于建立合理的寿命设计优化模型以及对优化模型的求解。寿命设计优化模型的构建需要充分考虑寿命设计要求及实际加工条件,明确优化问题的决策变量、优化目标以及约束条件,进而构建面向不同优化准则的设计优化模型。优化模型的求解则需要基于工程优化理论和合适的设计优化算法,在给定优化目标及约束条件下寻求最优决策组合,对于机械产品通常是可控设计参数的标称值及公差范围。通过开展寿命设计,能够为实现并提升机械产品长寿命指标提供量化指导依据。

综上所述,机械产品寿命设计流程如图 5.1 所示。

5.2 寿命设计优化模型构建

寿命设计优化模型的构建需要确定决策变量、目标函数以及约束条件这三类关键因素。

(1) 决策变量:是指在设计过程中可以进行调整和优选的独立参数,在选择时应挑选与目标函数和约束函数密切相关的,能够表达设计对象特征的基本参数。根据第 4 章寿命仿真分析方法可知,在寿命设计阶段,内因参数是可控制的,而外因参数是不可控的。因此,寿命设计优化中的决策变量通常选用对寿命具有显著影响、并且可控的内因参数。本书主要关注两类:一类是影响应力水平的可控设计参数标称值,另一类是影响应力分散性的设计参数公差。

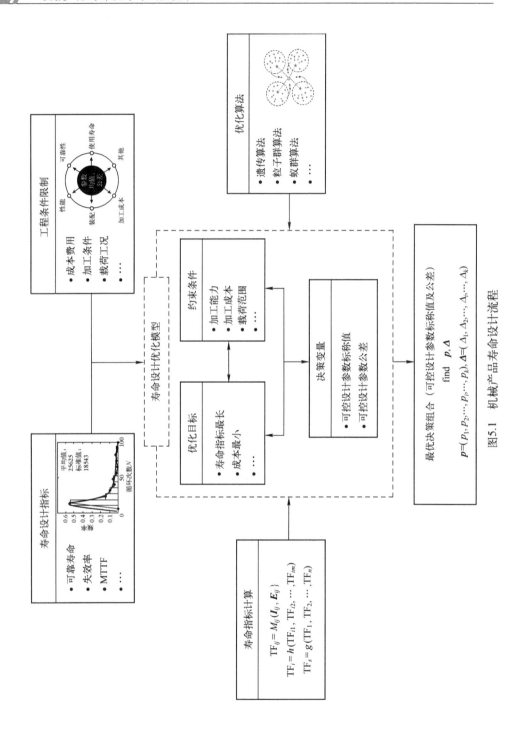

图5.1 机械产品寿命设计流程

(2) 约束条件:是对在设计过程中的一些附加设计条件以及对设计变量给的某些限制,通常可将这些要求和限制表示成设计变量的函数形式,进而构成设计的约束条件。根据性质不同,约束分为边界约束和性能约束。边界约束主要考虑设计变量的变化范围,是对设计变量本身所加的直接限制,例如加工极限尺寸范围、载荷范围等;性能约束是根据设计性能或指标要求给定的约束条件,是对设计变量所加的间接限制,例如零部件的强度条件、刚度条件、稳定性条件以及产品的可靠度等。

(3) 目标函数:是通过设计变量来表示的设计所追求目标的数学表达式,又称为标量函数。目标函数值的大小是衡量设计方案优劣的定量标准,目标函数的最小(大)值对应的设计变量的取值称为设计问题的最优解。对于机械产品,通常可以选取可靠寿命或是控制成本作为优化目标。

面向不同的工程场景需求,机械产品寿命设计优化目标及策略存在差异,因此需要构建面向不同优化准则的设计优化模型。

针对功能同质化严重且市场竞争激烈的产品,厂商既需要依赖产品的质量提升自身核心竞争力,又需要以合适的价格与对手抢占市场份额。因此,寿命设计优化的目标通常是在满足一定的可靠寿命要求下尽可能地降低成本。因此,这类产品的寿命设计优化通常是以可控设计参数标称值及其公差为决策变量,以可靠寿命作为约束条件,以成本最小为目标函数,建立寿命设计优化模型,旨在约束条件限定的可行域内搜寻成本的最小值,获取与之对应的设计参数标称值及其公差的最优组合。模型形式如下式所示:

$$\min \text{Cost} = \sum_{j=1}^{n} (u_j(p_j) + v_j(\Delta_j))$$
$$\text{s.t. } \text{TF}_{R_\alpha} = \sup\{t \mid \Pr[M](I(X = k(\boldsymbol{p},\boldsymbol{\Delta})),\boldsymbol{S}),\boldsymbol{E},t) > 0] \geqslant R_\alpha\} \geqslant \text{TF}_0$$
$$p_j \in [a_j,b_j], \Delta_j \in [c_j,d_j] \tag{5.1}$$

式中:$\boldsymbol{I}$ 为内因参数,包含可控内因设计参数向量 $\boldsymbol{X}$ 以及不可控内因设计参数向量 $\boldsymbol{S}$;$\boldsymbol{p}$ 为可控内因设计参数的标称值向量;$\boldsymbol{\Delta}$ 为可控内因设计参数的公差向量;$\boldsymbol{E}$ 为外因参数;t 为时间;$k(\cdot)$ 反映了可控内因设计参数分布与标称值和公差的函数关系;$M(\cdot)$ 表示机械产品的裕量状态;$u_j(\cdot)$ 和 $v_j(\cdot)$ 分别为控制第 j 个设计参数标称值或公差的成本;TF_0 为给定可靠寿命阈值。

针对具有高可靠长寿命指标需求的产品,通常情况下,厂家更倾向于优先保证产品的可靠性及寿命指标,成本不再是产品设计的首要敏感因素。因此,寿命设计优化的首要目标是在满足一定的成本要求下尽可能提高产品寿命。这类产品通常是以可控设计参数标称值及其公差为决策变量,以成本为约束条件,并将可靠寿命最大为目标函数,建立寿命设计优化模型,旨在约束条件限定

的可行域内搜寻可靠寿命的最大值,获取与之对应的设计参数标称值及其公差的最优组合。模型形式如下式所示:

$$\max \text{TF}_{R_\alpha} = \sup\{t \mid \Pr[M(I(X=k(p,\Delta)),S),E,t) > 0] \geq R_\alpha\}$$

$$\text{s.t. Cost} = \sum_{j=1}^{n}(u_j(p_j) + v_j(\Delta_j)) \leq C_0$$

$$p_j \in [a_j, b_j], \Delta_j \in [c_j, d_j] \tag{5.2}$$

式中:C_0 为能够使用的总成本。

上述两类寿命设计优化模型的附加约束条件通常是指加工制造能力、噪声参数等,此外也可能包括工时约束、装配约束、质量损失约束等约束条件。在复杂工程问题中,通常难以获得上述模型中的可靠寿命、可靠度等目标变量的显性表达式,更无法给出解析解。因此,在工程上常用蒙特卡罗仿真抽样方法,通过生成伪随机数,以事件出现的频率估计这一随机事件的概率,求解相应的非确定性寿命参数值,具体计算过程可参考 4.3.2 节。此外,针对优化模型的求解,则需要选取合适的优化算法,借助计算机手段寻求最优设计参数组合实现。

5.3 优化模型求解方法

按照目标函数和约束条件特征,寿命设计优化模型可分为线性优化模型和非线性优化模型。当模型中的目标函数和约束函数均为设计变量的线性函数时,称此设计优化问题为线性优化问题或线性规划问题。当模型中的目标函数和约束函数中至少一个为非线性函数时,称此设计优化问题为非线性优化问题或非线性规划问题。此外,根据目标函数是否便于求解,非线性优化问题还可进一步分为简单非线性优化问题和复杂非线性优化问题。对于不同寿命设计优化问题,选择合适的优化求解方法,对于快速提升搜寻可行解和最优解的效率、实现产品寿命设计起到了至关重要的作用。图 5.2 给出了面向不同的优化模型类型的优化求解方法。下面将针对典型的几类优化求解方法进行简要的介绍。

5.3.1 线性优化方法

对于线性优化问题,通常采用图解法、单纯形法、对偶单纯形法等经典优化方法。

1. 图解法

图解法利用几何作图获取线性优化问题的最优解,一般应用于设计变量的可行域是二维平面的优化问题,其求解的思路是:通过在二维平面中对约

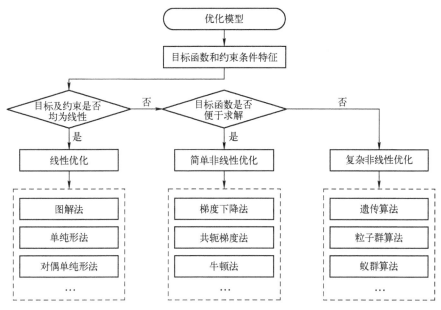

图 5.2 不同优化模型的优化求解方法选取

束条件加以图解,求得满足约束条件的解的可行域,并且结合目标函数的要求从可行域中找出最优解。图解法适用于模型简单的优化问题,应用较为局限。

2. 单纯形法、对偶单纯形法

单纯形法适用于线性方程组的变量数大于方程个数的优化模型,具体步骤是,首先设法找到一个基本可行解,再根据最优性理论判断此基本可行解是否为最优解,若是最优解,则输出结果,计算停止;若不是最优解,则设法由当前的基本可行解产生一个目标值更优的基本可行解,再利用最优性理论对新的基本可行解进行判断,看其是否为最优解,由此构成一个迭代算法。单纯形法直接求解原问题,而对偶单纯形法求解原问题的对偶问题,从满足对偶可行性的条件出发,通过迭代逐步搜索原始问题的最优解。通常情况下,单纯形法、对偶单纯形法收敛速度慢且效率较低。

5.3.2 简单非线性优化方法

对于非线性优化问题,比较成熟的方法是梯度下降法、共轭梯度法、牛顿与拟牛顿法等,大多数商业计算软件内置这些算法。

1. 梯度下降法、共轭梯度法

梯度下降法沿着梯度的负方向最小化目标函数,是最常用的一种优化算法。其核心思想是在当前位置寻找梯度下降最快的方向,进而逐渐逼近所优化的目标函数,并且离目标函数越近,逼近的"步伐"也就越小。共轭梯度法是共轭思想与梯度计算的结合,利用已知点处的梯度构造一组共轭方向,并沿这组方向进行搜索,求出目标函数的极小点,在一定程度上解决了梯度优化收敛速度过慢的问题。

2. 牛顿法

牛顿法常应用于求解目标函数 f 的极大极小问题,其基本思想是利用迭代点处的一阶导数(梯度)和二阶导数(Hessen 矩阵)对目标函数进行二次函数近似,再将二次模型的极小点作为新的迭代点,并不断重复这一过程,直至求得满足精度的近似极小值。

针对简单的非线性优化问题,以上几种方法求解速度较快,但对于目标函数复杂、无法计算梯度和混合二阶偏导数矩阵的优化模型,上述方法并不适用或效率过低。

5.3.3 复杂非线性优化方法

对于复杂非线性优化问题,不适合用传统迭代方法进行计算,而现代启发式算法不需要计算目标函数的导数,且具有大范围收敛的特性,在此类问题的求解上备受青睐。常用的启发式算法有粒子群算法[1]、蚁群算法[2]、遗传算法[3]等。

1. 粒子群算法(PSO)

粒子群算法是通过模拟鸟群觅食过程中的迁徙和群聚行为而提出的一种基于群体智能的全局随机搜索算法。PSO 初始化为一群随机粒子(随机解),在每一次迭代中,粒子通过跟踪两个"极值"进行自我更新:一个是粒子本身找到的最优解,称为个体极值;另一个是整个种群找到的最优解,称为全局极值,最终得到满足终止条件的最优解。

2 蚁群算法(ACO)

蚁群算法的基本原理是用蚂蚁的行走路径表示待优化问题的可行解,整个蚂蚁群体的所有路径构成待优化问题的解空间。路径较短的蚂蚁释放的信息素量较多,随着时间的推进,较短的路径上累积的信息素浓度逐渐增高,选择该路径的蚂蚁个数也越来越多。最终,整个蚂蚁群会在正反馈的作用下集中到最佳路径上,此时对应的便是待优化问题的最优解。

3. 遗传算法(GA)

遗传算法是一种基于自然选择和群体遗传机理的搜索算法,它模拟了自然选择和自然遗传过程中的繁殖、杂交和突变现象。在利用遗传算法求解问题时,问题的每一个可能解都被编码成一个"染色体",即个体,再由若干个个体构成了群体,即所有可能解。在遗传算法开始时,总是随机生成一些个体,即为初始解。并且,根据预定的目标函数对每一个个体进行评估,给出一个适应度值。基于此适应度值,选择一些个体用来产生下一代,选择操作体现了"适者生存"的原理,"好"的个体被用来产生下一代,"坏"的个体则被淘汰。然后选择出来的个体,经过交叉和变异算子进行再组合生成新的一代,这一代的个体由于继承了上一代的一些优良性状,因而在性能上要优于上一代。长此以往,种群逐步朝着最优解的方向进化。

通常在实际工程问题中,寿命设计优化模型形式一般较为复杂。对于模型中的寿命求解,还需要采用多项式模型、人工神经网络模型、Kriging 模型、支持向量回归模型等近似模型描述可控设计参数与应力或应变的映射关系,并代入故障机理分析过程中明确辨识的主要损伤模型进行寿命计算,进一步结合全寿命周期载荷剖面求解累积损伤量及寿命水平。对此,常规优化算法在局部应力计算、非显性损伤模型理论寿命以及启发式算法迭代过程中,存在耗费大量计算时间、效率低下等缺点。因此,需要进一步融合支持向量机、人工神经网络等智能算法,对优化方法进行有针对性的改进以提升模型计算效率。

5.4 应用案例

下面将在 4.4 节机械备份作动器的寿命仿真分析的基础上,进一步介绍寿命设计方法的综合应用。

5.4.1 可控设计参数确定

由于本案例假设不同单元的故障行为遵循竞争关系,该作动器的寿命水平取决于最薄弱环节(活塞杆接头)的寿命水平,因此可通过对活塞杆接头进行寿命设计优化,实现该作动器整体寿命的设计。

通过寿命仿真分析可知,该活塞杆接头的故障机理类型为疲劳,对应的机理模型为名义应力寿命计算模型。通过结构分析可知,接头环与杆体连接处的过渡圆角、活塞杆外径、活塞杆内径等三类尺寸参数(见图 5.3)的标称值及公差分别通过影响局部极值应力的均值和分散性水平,进而影响活塞杆接头的疲劳寿命。因此,选择上述三类参数作为可控设计参数。并且,根据当前设计图纸确定可控设计参数的初始标称值及公差、标称值及公差设计范围等信息,如表 5.1 所列。

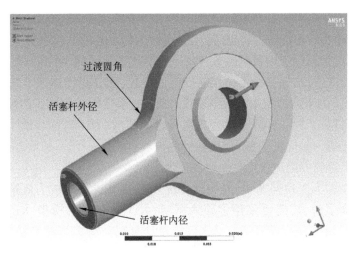

图 5.3 活塞杆结构可控设计参数示意图

表 5.1 可控设计参数信息

序 号	尺寸参数	初始标称值/mm	初始公差/mm	标称值设计范围/mm	公差设计范围/mm
1	过渡圆角	R4.0	0.6	[R3.0, R5.0]	[0.4, 0.8]
2	活塞杆外径	φ31.0	0.4	[φ30.0, φ32.0]	[0.2, 0.6]
3	活塞杆内径	φ21.0	0.4	[φ20.0, φ22.0]	[0.2, 0.6]

5.4.2 力学响应代理模型建立

通常情况下,机械产品的可控设计参数与应力间的关系是高度非线性的,通过仿真应力分析计算给出的数据也是离散且有限的,因此,本案例采用响应面法构建可控设计参数与力学响应关系的工程代理模型。

首先,选取过渡圆角、活塞杆外径、活塞杆内径作为试验因子,选取初始标称值作为"0 水平",标称值下限作为"-1 水平",标称值上限作为"+1 水平",得到应力仿真试验水平表,如表 5.2 所列。

表 5.2 应力仿真试验水平表

因子水平	过渡圆角/mm（因子1）	活塞杆外径/mm（因子2）	活塞杆内径/mm（因子3）
-1	R3.0	φ30.0	φ20.0
0	R4.0	φ31.0	φ21.0
+1	R5.0	φ32.0	φ22.0

其次,考虑到不同设计参数组合下的力学响应是离散的,为了能准确构建出设计参数与力学响应的函数关系,需要合理地进行样本点抽样并安排仿真试验方案,在最大程度获得有用信息的同时,尽可能地降低试验次数。本案例制订了3因子3水平正交试验方案,如表5.3所列。按照试验方案中确定的设计参数对三维模型进行修改,并参考4.4.2节和4.4.3节进行数字样机建模和仿真应力分析,得到各级载荷下活塞杆接头的极值应力结果。

表 5.3 应力仿真正交试验方案

试 验 号	过渡圆角/mm（因子1）	活塞杆外径/mm（因子2）	活塞杆内径/mm（因子3）	8kN轴向力下的极值应力结果/MPa
1	−1	−1	−1	473
2	−1	0	0	472
3	−1	+1	+1	471
4	0	−1	0	471
5	0	0	+1	470
6	0	+1	−1	460
7	+1	−1	+1	469
8	+1	0	−1	459
9	+1	+1	0	458

最后,选取多项式函数构建活塞杆的力学响应代理模型,采用最小二乘法对所构建的函数形式进行线性拟合,并求解其待定系数,如下式所示:

$$y = 548 - 5x_1 - 4x_2 + 3x_3 \tag{5.3}$$

式中:y 为活塞杆接头的极值应力;x_1 为过渡圆角;x_2 为活塞杆外径;x_3 为活塞杆内径。

5.4.3 寿命设计优化模型建立

由于该作动筒主要用于保证飞机襟翼的正常打开与闭合,其功能的成功性对于保证飞行任务的完成起到了重要的作用。因此,在满足一定的成本要求下尽可能提高该作动筒的寿命是设计的首要目标,进而构建下列寿命设计优化模型。

1. 决策变量

本案例以5.4.1节确定的过渡圆角标称值 p_1 和公差 Δ_1、活塞杆外径标称值 p_2 和公差 Δ_2、活塞杆内径标称值 p_3 和公差 Δ_3 为决策变量,即

$$\boldsymbol{p} = (p_1, p_2, p_3), \quad \boldsymbol{\Delta} = (\Delta_1, \Delta_2, \Delta_3)$$

2. 目标函数

以活塞杆接头在给定可靠度 $R_\alpha = 0.9$ 下的可靠寿命 $TF_{0.9}$ 尽可能大为目标函数，即

$$\max TF_{0.9} = \sup\{t \mid \Pr[M(I(X=k(\boldsymbol{p},\boldsymbol{\Delta})),\boldsymbol{S}),\boldsymbol{E},t) > 0] \geq 0.9\}$$

其中，活塞杆接头失效可以表示为"最大应力处的累积损伤大于 1"，其裕量可通过故障机理模型以及累积损伤理论计算获得，即

$$M(I(X=k(\boldsymbol{p},\boldsymbol{\Delta})),\boldsymbol{S}),\boldsymbol{E},t) = 1 - \sum_{i=1}^{k} D_i(I(X=k(\boldsymbol{p},\boldsymbol{\Delta})),\boldsymbol{S}),\boldsymbol{E},t)$$

$$D_i = \frac{t}{N_0 \left(\dfrac{\sigma_{ei}}{\sigma_{-1A}}\right)^b}$$

$$\sigma_{ei} = \frac{y_i/2}{1-\dfrac{y_i/2}{\sigma_b}}$$

式中：极值应力 $y_i = f_i(x_j = h_j(p_j, \Delta_j), j=1,2,3)$ 可由式(5.3)代入确定。

3. 约束条件

约束条件包括了对于设计参数可控范围的约束以及成本约束两类。

约束条件一：以可控设计参数标称值和公差的设计范围(定义域)为约束条件，即

$$p_1 \in [3,5], p_2 \in [30,32], p_3 \in [20,22]$$
$$\Delta_1 \in [0.4,0.8], \Delta_2 \in [0.2,0.6], \Delta_3 \in [0.2,0.6]$$

约束条件二：以可控设计参数的标称值和公差的加工成本为约束条件，即

$$\text{Cost} = \sum_{j=1}^{3} (u_j(p_j) + v_j(\Delta_j)) \leq C_0$$

5.4.4 优化模型求解

针对所构建的寿命设计优化模型，本案例选用遗传算法作为优化算法，具体优化流程如图 5.4 所示。

在上述流程的基础上，将蒙特卡罗仿真抽样计算可靠度内嵌至目标函数计算中，实现对可靠寿命的计算，并使用 Sheffield 工具箱完成遗传算法的核心步骤，包括变量的编码、创建初始种群、目标函数值向适应度的转换、选择、交叉、变异操作和变量的解码等工作[4]。其中，需要自定义的有设计变量、约束条件、目标函数和终止条件等。除此之外，选择、交叉、变异等步骤的部分参数也需要自定义，以保证算法的计算速度和收敛性。需要提供的算法参数如表 5.4 所示。

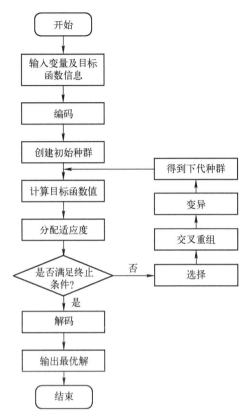

图 5.4 遗传算法优化流程

表 5.4 遗传算法自定义参数

序 号	名 称	解 释	作 用
1	编码长度	变量转化后的二进制位数	控制计算精度
2	种群个数	初始种群的个数	控制收敛速度
3	代沟	每一代的淘汰率	控制收敛性
4	重组率	基因进行重组的比例	控制收敛性
5	变异率	基因进行变异的比例	控制收敛性
6	最大遗传代数	停止计算的代数	控制终止条件

由此,通过遗传算法求解所构建的寿命设计优化模型,并确定寿命设计优化方案。表 5.5 展示了成本阈值 $C_0=50$(原始设计参数对应成本)、$C_0=100$、$C_0=150$ 时的优化结果。当原始设计参数为 $\{(p_1,\Delta_1),(p_2,\Delta_2),(p_3,\Delta_3)\}=\{(4.0,$

0.6),(31.0,0.4)(21.0,0.4)时,产品可靠寿命 $TF_{0.9}$ 为 $3.8×10^6$ 次,对应成本为 $C_0=50$;当增加成本阈值至 $C_0=100$ 时,最佳设计参数组合为 $\{(p_1,\Delta_1),(p_2,\Delta_2),(p_3,\Delta_3)\}=\{(4.5,0.5)(31.50,0.3),(20.5,0.3)\}$,依据此寿命设计方法,可靠寿命 $TF_{0.9}$ 为 $3.9×10^6$ 次;当增加成本阈值至 $C_0=150$ 时,最佳设计参数组合为 $\{(p_1,\Delta_1),(p_2,\Delta_2),(p_3,\Delta_3)\}=\{(5.0,0.4),(30.00,0.2),(20.0,0.2)\}$,依据此寿命设计方法,可靠寿命 $TF_{0.9}$ 为 $4.0×10^6$ 次。由此,绘制三种最优设计参数组合下的可靠度曲线,如图 5.5 所示。从中可以看出,通过对设计参数的调整以及对不确定性的控制,能够在满足一定的成本要求下提升产品的可靠寿命。

表 5.5 不同成本阈值 C_0 时的优化结果

序号	C_0	$TF_{0.9}$	p_1/mm	Δ_1/mm	p_2/mm	Δ_2/mm	p_3/mm	Δ_3/mm
1	50	$3.8×10^6$	4.00	0.60	31.00	0.40	21.00	0.40
2	100	$3.9×10^6$	4.50	0.50	30.50	0.30	20.50	0.30
3	150	$4.0×10^6$	5.00	0.40	30.00	0.20	20.00	0.20

注:p_1 为过渡圆角目标值,Δ_1 为过渡圆角公差;p_2 为活塞杆外径目标值,Δ_2 为活塞杆外径公差;p_3 为活塞杆内径目标值,Δ_3 为活塞杆内径公差。

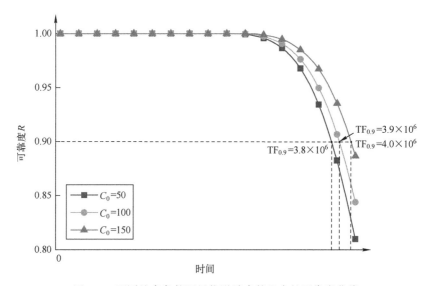

图 5.5 不同约束条件下最优设计参数组合的可靠度曲线

参考文献

[1] 雷开友. 粒子群算法及其应用研究[D]. 成都:西南大学. 2006.
[2] 李士勇,陈永强,李研. 蚁群算法及其应用[M]. 哈尔滨:哈尔滨工业大学出版社,2004.
[3] 陈国良,王熙法,庄镇泉,等. 遗传算法及其应用[M]. 北京:人民邮电出版社,1999.
[4] WANG Q, CHEN F, HUANG B. Improvement and application of GA toolbox designed by university of sheffield based on Matlab[J]. Mechanical Engineer, 2010, 10(3):31-32.

第6章

加速试验方案设计方法

机械产品通常具有高可靠长寿命特征,但受限于试验时间和成本,通常无法通过有效开展常规应力试验进行寿命评价,对此可采用加速试验,以便在较短时间内、较低成本下评估产品是否符合规定的寿命指标要求,并通过暴露设计、制造缺陷提高产品寿命水平。

加速试验是指在故障机理不变的基础上,通过寻找产品寿命与应力之间的数学关系(加速模型),利用高(加速)应力水平下的寿命数据去外推预测正常应力水平下的寿命特征的试验技术和方法。目前,加速试验方案的设计方法主要包含两类:一类是基于机理定性分析结果,通过优化理论设计出合适的应力水平、应力组合以及试验样本量和试验时间;另一类是基于故障过程的认知,通过加速因子理论定量计算给出合适的应力水平及试验时间。

对于机械产品的不同层次,通常根据能够提供的试验样本数选取合适的加速试验方案设计方法。针对关键部件,由于样本量相对充足且试验时间充裕,因此可采用基于优化理论的零部件加速试验方案设计;针对整体层级,由于可供开展试验的样本量较少且具有长寿命指标特征,因此可采取基于加速因子理论计算的产品加速试验方案设计。本章从机械产品的不同结构层次入手,给出基于各层级加速试验方案设计基本流程,并分别通过两个应用案例说明上述两类方法的具体实施过程。

6.1 基于优化理论的零部件加速试验方案设计

6.1.1 设计原理

基于优化理论的加速试验方案主要是指在机理定性分析的基础上,借助优化理论,选取合适的最优设计准则,构建出加速试验优化模型,进而求得最优的应力水平、应力组合、试验样本量以及试验时间等试验条件。这类加速试验方案设计方法主要适用于具有相对充足的样本且试验时间充裕的机械产品零部件,具体设计流程如图 6.1 所示。

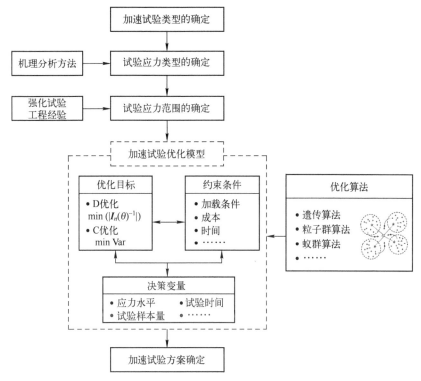

图 6.1　基于优化理论的零部件加速试验方案设计流程

1. 加速试验类型的确定

首先,按照应力加载方式不同,加速试验类型一般可分为四类,即恒定应力加速试验、步进应力加速试验、序进应力加速试验和交变应力加速试验。目前,恒定应力加速试验和步进应力加速试验应用较多。其中,恒定应力的加载方式是所有应力加载方式中最容易实施,也是最容易进行数据处理的。但是,恒定应力的加载方式通常要求受试样本的数量较多且试验时间较长[1]。

2. 应力类型及范围的确定

根据机理分析结果,找出影响产品寿命的关键部位、机理类型、对应的敏感应力;并根据所确定的敏感应力,开展强化试验,并结合工程经验和设备能力,确定加速试验中的试验应力类型,以及试验应力的最高水平与最低水平。其中,所确定的最高应力水平应满足加速机理一致性要求。如果试验应力类型仅为一种敏感应力,则应开展单应力加速试验,否则应开展多应力加速试验。

3. 试验方案优化模型构建

针对多应力加速试验,若对所确定的所有应力类型的全部应力水平组合开展试验,其试验成本与试验时间通常较高。因此,可以借助优化理论,通过构建合适的试验方案优化模型,设计出合适的试验方案。对于不同优化目标,可以选用合适的最优设计准则,其中 C 优化和 D 优化是最常用的两类设计准则[2]。两类优化模型构建过程如下:

(1) D 优化:数学意义为最大化 Fisher 信息阵行列式的值或者最小化 Fisher 信息阵逆矩阵的行列式的值,表达式为 $\min(|I_n(\theta)^{-1}|)$。信息阵逆矩阵行列式正比于参数估计的置信椭球,参数估计越精确,则其置信椭球越小,相应的信息阵逆矩阵行列式值越小,即信息阵行列式的值越大。因此,选取 D 优化作为最优设计准则的加速方案优化模型,将试验可控设计参数(应力、样本、时间等)作为决策变量,并以估计函数的 Fisher 信息阵逆矩阵行列式最小为优化目标,以实际试验的相关限制性条件为约束[3]。该模型旨在约束条件限定的可行域内搜寻 Fisher 信息阵逆矩阵行列式的最小值,获取与之对应的待优化试验条件,其模型形式如下式所示:

$$\begin{aligned}&\min(|I_n(\theta)^{-1}|)\\&\text{s. t. } S_i \in [S_{\min,i}, S_{\max,i}]\\&\quad n_j \in [n_{\min,j}, n_{\max,j}]\\&\quad t_{c,j} \leq t_s\\&\quad \text{Cost} \leq \text{Cost}_s\end{aligned} \quad (6.1)$$

式中:S_i 为第 i 个应力类型;n_j 为第 j 组试验的样本量;$t_{c,j}$ 为第 j 组试验的试验时间;t_s 为最大可接受试验时间;Cost 为试验成本;Cost_s 为最大可接受试验成本;$I_n(\theta)$ 为 Fisher 信息阵,即似然函数负二阶偏导数的数学期望,其计算过程可以进一步表示为

$$I_n(\theta) = -E_\theta\left[\frac{\partial^2 L}{\partial \boldsymbol{\Theta} \cdot \partial \boldsymbol{\Theta}^T}\right] = E_\theta\begin{bmatrix} -\frac{\partial^2 L}{\partial \theta_1^2} & \cdots & -\frac{\partial^2 L}{\partial \theta_1 \partial \theta_n} \\ \vdots & \ddots & \vdots \\ -\frac{\partial L}{\partial \theta_n \partial \theta_1} & \cdots & -\frac{\partial^2 L}{\partial \theta_n^2} \end{bmatrix} \quad (6.2)$$

(2) C 优化:数学意义为最小化估计量所在函数的渐进方差,数学表达式为 min Var。渐进方差越小表明目标函数估计的置信区间越窄,即寻找目标函数渐进方差最小。因此,选取 C 优化作为最优设计准则的加速方案优化模型,将以试验可控设计参数(应力、样本、时间等)为决策变量,并以估计函数的渐进方差最小为优化目标,以实际试验的相关限制性条件为约束。该模型旨在约束

条件限定的可行域内搜寻渐进方差的最小值,获取与之对应的待优化试验条件,其模型形式如下式所示:

$$\begin{aligned} &\min \text{Var} \\ &\text{s.t. } S_i \in [S_{\min,i}, S_{\max,i}] \\ &\quad n_j \in [n_{\min,j}, n_{\max,j}] \\ &\quad t_c \leqslant t_s \\ &\quad \text{Cost} \leqslant \text{Cost}_s \end{aligned} \quad (6.3)$$

渐进方差 Var 可以通过所构建 Fisher 信息阵的逆矩阵 $\boldsymbol{I}_n(\theta)^{-1}$ 计算获得,即

$$\text{Var} = \boldsymbol{\alpha}_\Theta^T \boldsymbol{X} \boldsymbol{\alpha}_\Theta \quad (6.4)$$

其中,$\boldsymbol{\alpha}_\Theta = \partial G(\hat{\boldsymbol{\Theta}})/\partial \hat{\boldsymbol{\Theta}}$ 为目标函数 $G(\hat{\boldsymbol{\Theta}})$ 对参数 $\hat{\boldsymbol{\Theta}}$ 偏导后的梯度向量[5]。

4. 加速试验方案确定

针对所设计的优化模型,选用合适的优化算法进行优化。在考虑优化算法时,由于渐进方差表达式的非线性特征,通常需要采用非线性优化相关算法,同时还需考虑待优化参数是否存在整数限制。其中,常用的非线性优化方法可参见 5.3 节。因此,通过对试验方案优化模型进行寻优,可确定优化后的加速试验方案。

6.1.2 应用案例

以某齿轮副为例,介绍基于优化理论的零部件加速试验方案设计方法。

1. 应力类型及范围确定

首先,通过对齿轮副的功能原理分析和相关标准的论述,确定振动特征均方根(RMS)和峰度(Kurtosis)是表征齿轮副的关键性能参数。并且,通过对齿轮副开展机理分析,可确定影响振动特征均方根和峰度的敏感应力是转速、扭矩、滑油温度。其中,转速的正常工作条件为 500~6000r/min,扭矩的正常工作条件为 10~50N·m,滑油温度应力的正常工作条件为 30~50℃。此外,本案例中选取恒定应力试验加载方式开展加速试验。

根据强化试验结果可知,齿轮副在保持故障机理不变前提下的转速上限为 8000r/min,扭矩上限为 80N·m。但是,开展多应力综合加速试验的试验台扭矩加载极限仅为 60N·m,因此扭矩的最高应力水平取为 60N·m。为了方便齿轮副的寿命外推,最低应力水平应与正常工作条件尽量取得接近,本次试验设计选取为 20N·m。转速的应力极限为 8000r/min,正常工作为 500~6000r/min。选取 8000r/min 作为转速的最高应力水平,最低应力水平按尽量接近正常工作条件取为 3000r/min。滑油温度在强化试验中并未发现应力极限,考虑到进行多应力综合试验的试验台对于滑油温度的加载极限,取滑油温度的最高应力水平为

60℃,并参照滑油温度应力常用的加速应力水平,选取40℃作为最低应力水平。

2. 试验方案优化模型构建

进一步,采用优化理论构建试验方案优化模型来确定试验应力水平、样本量等优化设计参数的最优解。首先,假设齿轮副在转速 v、扭矩 M、温度 T 综合作用下的失效率模型已知,即

$$\lambda(Z) = \exp(\theta_0 + \theta_1 Z_1 + \theta_2 Z_2 + \theta_3 Z_3)$$

$$Z_1 = Z_v = (v-v_0)/(v_H-v_0)$$

$$Z_2 = Z_M = (M-M_0)/(M_H-M_0)$$

$$Z_3 = Z_T = \left(\frac{1}{T+273.16} - \frac{1}{T_0+273.16}\right) \bigg/ \left(\frac{1}{T_H+273.16} - \frac{1}{T_0+273.16}\right)$$

式中:Z_1、Z_2、Z_3 表示归一化后的转速、扭矩、温度应力值;v_H、M_H、T_H 表示转速、扭矩、温度的最高应力水平;v_0、M_0、T_0 表示转速、扭矩、温度的最低应力水平;$\theta_0 = -8, \theta_1 = 1, \theta_2 = 1, \theta_2 = 2$。

为了评估齿轮副在转速6000r/min、扭矩50N·m、滑油温度30℃、试验时间为400h下的可靠度,开展了六组试验。本案例希望通过 D 优化和 C 优化设计对试验方案中的某些试验条件进行进一步优化,以达到最好的估计精度,具体优化条件如表6.1所示。其中,$X(1)$、$X(5)$ 为第一组试验和第六组试验的样本量,要求两组试验样本量之和为12;$X(2)$ 为第二组试验的转速,其应力范围在 2000~8000r/min 之间;$X(3)$ 为第三组试验的扭矩,其应力范围在 20~60N·m 之间;$X(4)$ 为第五组试验的滑油温度,其应力范围在 40~60℃ 之间。

表6.1 待优化的齿轮副加速试验方案

试验号	转速/(r/min)	扭矩/(N·m)	滑油温度/℃	样本量/个	测试时长
1	8000	40	60	$X(1)$	30
2	$X(2)$	60	40	6	20
3	3000	$X(3)$	40	6	30
4	8000	60	60	6	40
5	5000	20	$X(4)$	6	50
6	3000	40	40	$X(5)$	30

因此,本案例将分别以 D 优化和 C 优化为最优设计准则,给出加速试验方案优化设计过程。

1) D 优化

若选取 D 优化为最优设计准则,则首先需要计算 Fisher 信息阵。根据试验情况可以推导得到极大似然函数,即

$$L(\text{Data} \mid \Theta) = \sum_{j=1}^{6}\sum_{i=1}^{n_j}[\delta_{ij}\lg(f_j(t_{ij};\Theta)) + (1-\delta_{ij})\lg(1-F_j(t_c;\Theta))]$$

$$= \sum_{j=1}^{6}\sum_{i=1}^{n_j}\{\delta_{ij}[\theta_0 + \theta_1 Z_{1,j} + \theta_2 Z_{2,j} + \theta_3 Z_{3,j} - \exp(\theta_0 + \theta_1 Z_{1,j} + \theta_2 Z_{2,j} + \theta_3 Z_{3,j})t_{ij}] + (1-\delta_{ij})[-\exp(\theta_0 + \theta_1 Z_{1,j} + \theta_2 Z_{2,j} + \theta_3 Z_{3,j})t_{c,j}]\}$$

由此,可得到 Fisher 信息阵的各个元素值。以 I_{00} 为例,可通过求解似然函数的二阶偏导得到,如下式所示:

$$I_{00} = E\left(-\frac{\partial^2 L}{\partial \theta_0^2}\right) = \sum_{j=1}^{6} n_j\{1 - \exp[-\exp(\theta_0 + \theta_1 Z_{1,j} + \theta_2 Z_{2,j} + \theta_3 Z_{3,j})t_{c,j}]\}$$

同理,可以求得其余元素的表达式,优化方案的 Fisher 信息阵可以表示为

$$I(\theta)_n = E\left(-\frac{\partial^2 L}{\partial \Theta \partial \Theta^T}\right) = E\begin{bmatrix} -\dfrac{\partial^2 L}{\partial \theta_0^2} & -\dfrac{\partial^2 L}{\partial \theta_0 \partial \theta_1} & -\dfrac{\partial^2 L}{\partial \theta_0 \partial \theta_2} & -\dfrac{\partial^2 L}{\partial \theta_0 \partial \theta_3} \\ -\dfrac{\partial^2 L}{\partial \theta_1 \partial \theta_0} & -\dfrac{\partial^2 L}{\partial \theta_1^2} & -\dfrac{\partial^2 L}{\partial \theta_1 \partial \theta_2} & -\dfrac{\partial^2 L}{\partial \theta_1 \partial \theta_3} \\ -\dfrac{\partial^2 L}{\partial \theta_2 \partial \theta_0} & -\dfrac{\partial^2 L}{\partial \theta_2 \partial \theta_1} & -\dfrac{\partial^2 L}{\partial \theta_2^2} & -\dfrac{\partial^2 L}{\partial \theta_2 \partial \theta_3} \\ -\dfrac{\partial^2 L}{\partial \theta_3 \partial \theta_0} & -\dfrac{\partial^2 L}{\partial \theta_3 \partial \theta_1} & -\dfrac{\partial^2 L}{\partial \theta_3 \partial \theta_2} & -\dfrac{\partial^2 L}{\partial \theta_3^2} \end{bmatrix}$$

基于所得到的 Fisher 信息阵,可以构建出以待优化的试验设计参数为决策变量、以估计函数的 Fisher 信息阵逆矩阵行列式最小为优化目标、以实际试验的相关限制性条件为约束的加速试验优化模型,即

$$\min(|I_n(\theta)^{-1}|)$$
$$\text{s. t. } v_2 \in [2000, 8000]$$
$$M_3 \in [20, 60]$$
$$T_3 \in [40, 60]$$
$$n_1 + n_5 \leq 12$$
$$n_1, n_5 \in \{1, 2, 3, \cdots\}$$

2) C 优化

若选取 C 优化为最优设计准则,则需要计算最小化渐进方差 Var。首先,给出待估计试验的可靠度函数,即

$$R(t; Z, \Theta) = \exp[-\exp(\theta_0 + \theta_1 Z_1 + \theta_2 Z_2 + \theta_3 Z_3)t]$$

$$\frac{\partial R}{\partial \theta_0} = -\exp(\theta_0+\theta_1 Z_1+\theta_2 Z_2+\theta_3 Z_3)t \cdot \exp[-\exp(\theta_0+\theta_1 Z_1+\theta_2 Z_2+\theta_3 Z_3)t]$$

$$\frac{\partial R}{\partial \theta_1} = -Z_1 \cdot \frac{\partial R}{\partial \theta_0}$$

$$\frac{\partial R}{\partial \theta_2} = -Z_2 \cdot \frac{\partial R}{\partial \theta_0}$$

$$\frac{\partial R}{\partial \theta_3} = -Z_3 \cdot \frac{\partial R}{\partial \theta_0}$$

代入 $v_1=6000, M_2=50, T_3=30, t=400$ 和模型中的相关参数值 $\theta_0=-8, \theta_1=1, \theta_2=1, \theta_3=2$，可以计算得到梯度矩阵 $\boldsymbol{\alpha}_{\hat{\theta}}$：

$$\boldsymbol{\alpha}_{\hat{\theta}} = \left[\frac{\partial R}{\partial \theta_0} \cdot \frac{\partial R}{\partial \theta_1}, \frac{\partial R}{\partial \theta_2}, \frac{\partial R}{\partial \theta_3}\right]^T = [-0.3313, -0.1657, -0.2071, -0.0643]^T$$

则渐进方差 Var 可以表示为

$$\text{Var} = \boldsymbol{\alpha}_{\hat{\theta}}^T [I(\theta)_n]^{-1} \boldsymbol{\alpha}_{\hat{\theta}}$$

基于所得到的渐进方差 Var，可以构建出以待优化的试验设计参数为决策变量，以渐进方差 Var 最小为优化目标，以实际试验的相关限制性条件为约束的加速试验优化模型，即

$$\min \text{Var}$$
$$\text{s. t. } v_2 \in [2000, 8000]$$
$$M_3 \in [20, 60]$$
$$T_3 \in [40, 60]$$
$$n_1 + n_5 \leq 12$$
$$n_1, n_5 \in \{1, 2, 3, \cdots\}$$

3. 加速试验方案确定

根据上述构建的加速方案优化模型，分别采用遗传算法求解得到试验设计参数的最优解，从而确定优化后的加速试验方案。

1) D 优化

通过遗传算法求解上述以 D 优化为最优设计准则的加速方案优化模型，其寻优过程如表 6.2 所列。

表 6.2 D 优化为最优设计准则的加速方案优化模型寻优计算过程

序 号	1	2	3	4	5	6	7	8	9	10	11
$X(1)$	1	2	3	4	5	6	7	8	9	10	11

续表

序　号	1	2	3	4	5	6	7	8	9	10	11
$X(2)$	8000	8000	8000	8000	8000	8000	8000	8000	8000	8000	8000
$X(3)$	60	60	60	60	60	60	60	60	60	60	60
$X(4)$	60	60	60	60	40	40	40	40	40	40	60
$X(5)$	11	10	9	8	7	6	5	4	3	2	1
$\det(I)$	382.70	356.77	337.46	323.21	455.10	434.55	420.56	412.03	408.34	409.24	314.50

从表6.2可以得到该优化模型的最优解为

$$\begin{cases} X(1) = 11 \\ X(2) = 8000 \\ X(3) = 60 \\ X(4) = 60 \\ X(5) = 1 \end{cases}$$

即1号试验样本数为11个,2号试验的转速为8000r/min,3号试验的扭矩为60N·m,5号试验的滑油温度为60℃,6号试验样本数为1个。最终确定的加速试验方案如表6.3所列。

表6.3　D优化为最优设计准则的齿轮副加速试验方案

试　验　号	转速/(r/min)	扭矩/(N·m)	滑油温度/℃	样本量/个	测试时长
1	8000	40	60	11	30
2	8000	60	40	6	20
3	3000	60	40	6	30
4	8000	60	60	6	40
5	5000	20	60	6	50
6	3000	40	40	1	30

2) C优化

通过遗传算法求解上述以C优化为最优设计准则的加速方案优化模型,其寻优过程如表6.4所列。

表6.4　C优化为最优设计准则的加速方案优化模型寻优计算过程

序　号	1	2	3	4	5	6	7	8	9	10	11
$X(1)$	1	2	3	4	5	6	7	8	9	10	11
$X(2)$	8000	8000	8000	8000	8000	8000	8000	8000	8000	8000	8000

续表

序 号	1	2	3	4	5	6	7	8	9	10	11
$X(3)$	60	60	60	60	60	60	60	60	60	60	60
$X(4)$	40	40	40	40	40	40	40	40	40	40	40
$X(5)$	11	10	9	8	7	6	5	4	3	2	1
Var	0.3797	0.3731	0.3685	0.3650	0.3624	0.3603	0.3587	0.3575	0.3565	0.3557	0.3552

从表6.4可以得到该优化模型的最优解为

$$\begin{cases} X(1)=11 \\ X(2)=8000 \\ X(3)=60 \\ X(4)=40 \\ X(5)=1 \end{cases}$$

即1号试验样本数为11个,2号试验的转速为8000r/min,3号试验的扭矩为60N·m,5号试验的滑油温度为40℃,6号试验样本数为1个。最终确定的加速试验方案如表6.5所列。

表6.5 C优化为最优设计准则的齿轮副加速试验方案

试验号	转速/(r/min)	扭矩/(N·m)	滑油温度/℃	样本量/个	测试时长
1	8000	40	60	11	30
2	8000	60	40	6	20
3	3000	60	40	6	30
4	8000	60	60	6	40
5	5000	20	40	6	50
6	3000	40	40	1	30

6.2 基于加速因子理论计算的产品加速试验方案设计

6.2.1 设计原理

基于加速因子理论计算的加速试验方案设计方法主要用于样本量较少的机械产品整体。该方法是以广义应力强度和累积损伤原理为理论基础,针对确定的主机理及其寿命分析结果,在综合考虑产品内部的单元-载荷-机理之间的映射关系下,借助故障机理模型,构建产品的加速因子矩阵,并根据多工况下加速因子标准差取小以及同一工况下多单元加速因子取小的原则确定产品综合加速因子,最后考虑存在的多种耗损型故障机理进行试验时间协同分析综合确定加速试验载荷谱。其设计流程如图6.2所示。

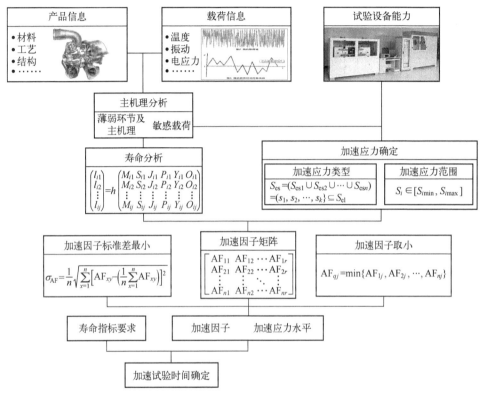

图 6.2 基于加速因子理论计算的产品加速试验方案设计流程

1. 应力类型与范围确定

首先,通过开展机理分析确定产品存在的 n 个主机理及其对应的敏感应力类型。在此基础上,综合考虑试验设备条件,可确定实际能够开展加速试验的应力类型,记为 $\{s_1, s_2, \cdots, s_k\}$。并且,结合产品的工作极限与试验设备的加载能力,确定各个加速应力 S_i 在实际加速试验中的应力范围,即

$$S_i \in [S_{i,\min}, S_{i,\max}] \quad (1 \leqslant i \leqslant k) \tag{6.5}$$

式中:$S_{i,\min}$ 和 $S_{i,\max}$ 分别为第 i 种应力的最小值和最大值;k 为试验所能加载的应力类型数量。当产品的工作极限应力无法给定时,可以通过开展强化试验进行确定。

2. 疲劳和磨损类机理加速因子确定

对于机械产品而言,其内部各个单元可能存在多种耗损型机理,不同机理

在产品工作过程中的运行比同样存在差异,例如,疲劳和磨损类机理,只有产品发生运动时,该机理才会发生,因此该类机理主要是以循环次数作为寿命指标;而对于老化和腐蚀类机理,其发生与所处环境密切相关,无论产品运动与否,这类机理始终存在,则老化和腐蚀类机理的寿命指标为持续使用时间。

考虑到加速试验通常是针对于机械产品整体开展的,因此,需要考虑到多机理协同的问题,使得所设计的加速试验既能考核疲劳和磨损类机理,也能考核到老化和腐蚀类机理。

1) 加速因子矩阵计算

针对疲劳和磨损类机理构建加速因子矩阵,根据所选取的应力类型及应力范围,结合产品实际工作条件与试验设备加载能力在应力范围内选定 r 个工况 $\{s_1, s_2, \cdots, s_r\}$,一般情况下 $\{s_1, s_2, \cdots, s_r\}$ 的确定需要考虑常规应力载荷谱给定的实际工况条件,分析计算 n 个主机理在 r 个工况下的加速因子为 $n \times r$ 阶矩阵 $\boldsymbol{A}$,具体表现形式如下:

$$\boldsymbol{A} = \begin{bmatrix} AF_{11} & AF_{12} & \cdots & AF_{1j} & \cdots & AF_{1r} \\ AF_{21} & AF_{22} & \cdots & AF_{2j} & \cdots & AF_{2r} \\ \vdots & \vdots & \vdots & \vdots & \vdots & \vdots \\ AF_{q1} & AF_{q2} & \cdots & AF_{qj} & \cdots & AF_{qr} \\ AF_{n1} & AF_{n2} & \cdots & AF_{nj} & \cdots & AF_{nr} \end{bmatrix}_{n \times r} \tag{6.6}$$

式中:$\boldsymbol{A}$ 为 n 个主机理在 r 个工况下的加速因子矩阵;$AF_{qj}(1 \leq q \leq n, 1 \leq j \leq r)$ 为第 q 个主机理在第 j 个工况下的加速因子。在本节中,加速因子定义为:在相同的累积损伤下,利用寿命模型计算得到的加速应力水平与正常应力水平的寿命之比,具体计算过程如下:

$$AF_{qj} = \frac{l_{\text{DC},qj}}{l_{\text{DJ},qj}} \tag{6.7}$$

式中:$l_{\text{DC},qj}$ 为第 q 个主机理在常规载荷谱下累积损伤达到相同损伤量值(或损伤阈值)时的寿命;$l_{\text{DJ},qj}$ 为第 q 个主机理在第 j 个工况下累积损伤达到相同损伤量值(或损伤阈值)时的寿命。

2) 加速应力水平确定

从加速因子矩阵 $\boldsymbol{A}$ 可以看出,不同主机理在同一工况下的加速因子并不一致,这就导致激发机理所需的试验时间存在差异。为了能够在较短的试验时间内考核所有的主机理,需要将所有主机理发生的时间尽量集中。因此,本节选取各个工况下所有主机理的加速因子标准差 $\sigma_{\text{AF},y}(1 \leq y \leq r)$ 最小值对应的工况作为加速试验的应力水平 S_j,标准差 $\sigma_{\text{AF},y}$ 的计算过程如下:

$$\sigma_{\mathrm{AF},y} = \frac{1}{n}\sqrt{\sum_{x=1}^{n}\left[\mathrm{AF}_{xy} - \left(\frac{1}{n}\sum_{x=1}^{n}\mathrm{AF}_{xy}\right)\right]^2} \quad (6.8)$$

加速应力水平的确定在加速因子矩阵中的体现如图 6.3 方框的第 j 列所示。

$$A = \begin{bmatrix} \mathrm{AF}_{11} & \mathrm{AF}_{12} & \cdots & \mathrm{AF}_{1j} & \cdots & \mathrm{AF}_{1r} \\ \mathrm{AF}_{21} & \mathrm{AF}_{22} & \cdots & \mathrm{AF}_{2j} & \cdots & \mathrm{AF}_{2r} \\ \vdots & \vdots & & \vdots & & \vdots \\ \mathrm{AF}_{q1} & \mathrm{AF}_{q2} & \cdots & \mathrm{AF}_{qj} & \cdots & \mathrm{AF}_{qr} \\ \vdots & \vdots & & \vdots & & \vdots \\ \mathrm{AF}_{n1} & \mathrm{AF}_{n2} & \cdots & \mathrm{AF}_{nj} & \cdots & \mathrm{AF}_{nr} \end{bmatrix}$$

图 6.3 加速应力水平的确定

3) 加速因子确定

在确定加速应力水平 S_j 后,为了能够通过加速试验考核所有主机理,所设计的试验时间应大于所有主机理在该加速应力水平下的寿命指标。为此,选取在该应力水平下加速因子最小值 $\mathrm{AF}_{qj}(1<q<n)$ 作为疲劳和磨损类机理的加速因子 AF,即

$$\mathrm{AF}_{qj} = \min\{\mathrm{AF}_{1j}, \mathrm{AF}_{2j}, \cdots, \mathrm{AF}_{nj}\} \quad (6.9)$$

疲劳和磨损类机理的加速因子 AF 的确定在加速因子矩阵中的体现如图 6.4 加速因子矩阵中的圆圈所示。

$$A = \begin{bmatrix} \mathrm{AF}_{11} & \mathrm{AF}_{12} & \cdots & \mathrm{AF}_{1j} & \cdots & \mathrm{AF}_{1r} \\ \mathrm{AF}_{21} & \mathrm{AF}_{22} & \cdots & \mathrm{AF}_{2j} & \cdots & \mathrm{AF}_{2r} \\ \vdots & \vdots & & \vdots & & \vdots \\ \mathrm{AF}_{q1} & \mathrm{AF}_{q2} & \cdots & \mathrm{AF}_{qj} & \cdots & \mathrm{AF}_{qr} \\ \vdots & \vdots & & \vdots & & \vdots \\ \mathrm{AF}_{n1} & \mathrm{AF}_{n2} & \cdots & \mathrm{AF}_{nj} & \cdots & \mathrm{AF}_{nr} \end{bmatrix}$$

图 6.4 加速因子的确定

3. 考虑多机理的试验时间协同设计

1) 疲劳和磨损类机理试验时间确定

机械产品在实际使用过程中通常会经历各种工况,为了能够准确反映不同工况对于产品寿命的影响,所设计的加速试验方案应涵盖主要的应力水平。因此,本方法主要是在不改变常规寿命载荷谱原有应力水平的前提下,通过调整不同应力水平的循环次数设计加速试验方案。

在保证总循环次数和应力水平数不变的条件下,基于疲劳和磨损类机理对应的机理模型,通过减小低应力水平的循环次数,同时增加所确定的加速应力水平 S_j 的循环次数,使得所设计的高应力载荷谱的损伤量等于常规应力载荷谱的 AF 倍。由于该高应力载荷谱实际上是根据疲劳和磨损类机理的加速因子 AF 所对应的第 q 种机理($1 \leq q \leq n$)来确定的,该机理造成的累积损伤是常规应力载荷谱的 AF 倍,而该高应力载荷谱相对于其他 $n-1$ 种机理所造成的累积损伤相对于常规应力载荷谱一定大于 AF 倍。

为了更加符合机械产品的实际工作过程,加速试验的应力加载应是不同应力水平的循环加载过程。假设常规应力谱对应的循环单元数为 N_C,并且一个循环单元载荷谱应包含所有的应力水平。根据常规应力谱对应的循环单元数 N_C 和加速因子 AF,确定加速试验对应的循环单元数 N_J(若 N_J 为非整数则向上取整),计算过程如下:

$$N_J = \frac{N_C}{\text{AF}} \tag{6.10}$$

加速试验中的一个循环单元载荷谱中的每级应力水平下的循环次数 n_{i0} 可以由下式计算获得:

$$n_{i0} = \frac{n_i}{\text{AF} \cdot N_J} \tag{6.11}$$

式中,n_i 为高应力载荷谱每级应力水平下的循环次数。

假设每种应力水平下的载荷施加频率为 $f_{i0}(1 \leq i \leq r)$,则一个循环单元试验时间 t_0 可以由下式计算获取:

$$t_0 = \sum_{i=1}^{r} \frac{n_{i0}}{f_{i0}} \tag{6.12}$$

考虑产品分散系数初步计算加速试验时间,根据 GJB 67.6A—2008Z[6],采用使用情况分布严重情况的耐久性试验载荷谱(简称"严重谱")时,试验分散系数比采用平均使用情况的基准谱小,因此,当采用高应力加速的方式时,本节建议取分散系数 $K=1.2\sim1.5$。因此,可得初步确定的加速试验时间 t_{J0} 为

$$t_{J0} = K \times N_J \times t_0 \tag{6.13}$$

并且,考虑到产品的分散性后的加速试验循环单元数 $N'_J = N_J \times K$。

2)基于时间协同的老化和腐蚀类机理加速因子及加速应力水平的确定

在疲劳和磨损类机理的加速试验时间 t_{J0} 确定后,进一步确定老化和腐蚀类机理的加速因子及加速应力水平。由于发生老化和腐蚀类机理的单元可能所处的环境应力条件与极限应力水平还有明显差距,在不改变故障机理的前提下,可以考虑选取高于实际环境应力的应力水平作为这类机理的加速应力水

平。并根据老化和腐蚀类机理模型,给出可能潜在的若干种应力与时间的对应关系,通过结合 t_{J0} 进行协同分析,最终确定老化和腐蚀类机理的加速应力水平及在该应力水平下的加速因子,并以此确定加速试验载荷谱。

老化和腐蚀类机理的加速因子可由故障机理模型计算得到。首先,分别计算在不同应力水平下机理发生的时间 $t_{J,i}$,并选取最接近 t_{J0} 的时间所对应的应力水平作为老化和腐蚀类机理的加速应力水平 S_k,对应的加速因子记为 AF_r。由此,老化和腐蚀类机理的加速试验时间 t_{J1} 与疲劳和磨损类机理的加速试验时间 t_{J0} 协同一致 ($t_{J1} = t_{J0}$)。

4. 加速试验方案最终确定

基于上述流程,最终确定产品加速试验的两类加速因子为:针对疲劳和磨损类机理的加速因子 AF;针对老化和腐蚀类机理的加速因子 AF_r。并且,给出了两类机理对应的共同的加速试验时间 $t_J = t_{J0}$,根据不同类别的加速因子大小,可最终确定加速寿命试验载荷谱。

按照该试验载荷谱开展加速试验,若在试验过程中发生零部件失效,应记录相应的失效时间以进一步进行机理分析。若失效发生时间乘以该机理对应的加速因子大于或等于指标考核要求,应更换该机理所对应的部件(但不计入产品失效),继续试验以考核其他机理;但若失效发生时间乘以该机理对应的加速因子小于指标考核要求,则记产品失效 1 次,可停止试验进行产品的设计改进,也可更换该机理所对应的部件,继续试验以进一步考核其他机理。基于该原则直至达到产品规范里所规定的寿命指标要求对应的加速试验时间 t_{J0}。

6.2.2 应用案例

下面以某型机械备份作动筒为案例,介绍基于加速因子理论计算的产品加速试验方案的设计过程。

1. 常规应力载荷谱确定

该作动器由集成控制阀组件、反馈杆组件和作动筒组件组成。在寿命周期内工作载荷主要为载荷、行程、油温与频率。但是,由于受试验台能力所限,试验所能提供的工作载荷为载荷、行程与油温。该产品要求的常规应力载荷谱如表 6.6 所列。

表 6.6 常规应力载荷谱要求

工 况	载 荷	行 程	频率/Hz	循环次数/次
1	0%	100%	0.3	1800
2	50%	100%	0.15	3600

续表

工 况	载 荷	行 程	频率/Hz	循环次数/次
3	90%	75%	0.15	9000
4	50%	50%	0.21	45000
5	10%	10%	0.3	108000
6	5%	2%	0.36	720000

根据产品全寿命周期运行比要求,其对应的油温剖面如图6.3所示。一个循环单元等分为10段,其中,第2段与第8段为高温100℃,第3段为低温-25℃,其余各段为常温25℃,非工作时间油温恒定为25℃。

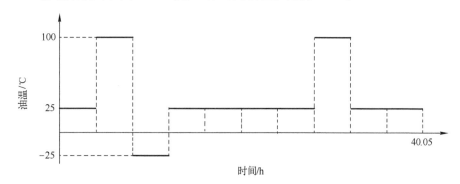

图6.3 常规应力循环单元油温剖面

2. 主机理分析结果

通过开展机理分析,可知该型作动筒的主机理及其敏感应力,如表6.7所列。

表6.7 某型作动器主机理分析结果汇总表

编 号	薄弱环节	主 机 理	敏感应力
1	筒体	筒体裂纹	疲劳	压力、载荷
2	平板阀	皮碗磨损	黏着磨损	行程
3	滑阀	密封圈变形	橡胶老化	压力、油温
…	…	…	…	…

3. 疲劳和磨损类机理加速因子确定

1) 加速因子矩阵计算

根据表6.7所示主机理分析结果,针对疲劳和磨损类机理,结合相应的机理模型计算在不同工况下各个机理的加速因子,并构建加速因子矩阵,如表 6.8 所列。

表 6.8 某型作动器产品薄弱环节寿命与加速因子计算结果

序号	最低约定层次单元	耗损型故障机理	寿命计算结果/h	加速因子计算结果
1	筒体	疲劳	128.56 (安全系数)	90%载荷对应的加速因子 $AF_{11} = 20.45$; 50%载荷对应的加速因子 $AF_{12} = 3.42$
2	平板阀	磨损	20005.6	100%行程对应的加速因子 $AF_{21} = 14.83$; 75%行程对应的加速因子 $AF_{22} = 11.12$; 50%行程对应的加速因子 $AF_{23} = 4.41$; 10%行程对应的加速因子 $AF_{24} = 1.48$
...	...	...	...	...

2) 加速应力水平及加速因子的确定

根据 6.2.1 节给定的方法,在表 6.8 确定的加速因子矩阵基础上,基于多工况下加速因子标准差取小以及同一工况下多单元加速因子取小的原则,初步确定疲劳和磨损类机理的加速因子 AF 为 3.42,同时初步确定在该加速因子下的加速应力水平,如表 6.9 所列。

表 6.9 加速因子与加速应力水平初步确定结果

序号	薄弱环节	主机理	加速因子计算结果				加速因子综合确定	加速应力水平
			50%载荷 100%行程	90%载荷 100%行程	...	90%载荷 10%行程		
1	筒体疲劳	疲劳	3.42	20.45	...	20.45		50%载荷
2	平板阀皮碗磨损	黏着磨损	14.83	14.83	...	1.48	AF=3.42	50%行程
...	...	...	...	...	...	...		...

4. 考虑多机理的试验时间协同设计

1) 疲劳和磨损类机理试验时间确定

根据表 6.9 初步确定的加速应力水平,在保留表 6.6 的 6 种应力水平以及保证总循环次数不变的前提下,通过减小低应力水平循环数,同时增加应力水平为 50%载荷、50%行程的循环次数,使得所确定的高应力载荷谱相比于表 6.6 的常规应力载荷谱的加速因子等于所确定的疲劳和磨损类机理加速因子 3.42。其中,调整后的高应力载荷谱如表 6.10 所列。

表 6.10 循环次数调整后的高应力载荷谱

工况	载荷	行程	频率/Hz	循环次数/次
1	0%	100%	0.3	1800
2	50%	100%	0.15	3600
3	90%	75%	0.15	67000
4	50%	50%	0.21	640000
5	10%	10%	0.3	50000
6	5%	2%	0.36	125000

该作动器在其给定的寿命指标下的常规应力谱对应108个循环单元,则加速试验载荷谱对应108/3.42≈32个循环单元。根据式(6.11)进一步计算得到加速试验循环单元载荷谱中每级应力水平的循环次数,汇总得到循环单元载荷谱如表6.11所列。

表 6.11 加速寿命试验循环单元载荷谱

序号	载荷	行程	频率/Hz	循环次数(取整后)/次
1	0%	100%	0.3	17
2	50%	100%	0.15	33
3	90%	75%	0.15	613
4	50%	50%	0.21	5848
5	10%	10%	0.3	457
6	5%	2%	0.36	1143
小计	—	—	—	8111
试验总时间	328.08h(259552次工作循环)			

并且,考虑到产品分散性(分散系数取为1.5),则加速试验实际的循环单元数为48,试验总时间为492.12h。

2) 基于时间协同的老化和腐蚀类机理加速因子及加速应力水平确定

根据图6.5所示的油温剖面可知,由于密封圈老化寿命对应为作动器的工作时间而并非滑阀的实际动作时间,因此针对密封圈老化机理的加速试验时间应单独计算。首先,基于老化机理模型计算不同油温对应的密封圈老化机理的加速因子与试验时间,然后综合确定老化机理发生的高应力水平与加速试验时间。不同油温下密封圈加速因子与加速试验时间计算结果如表6.12所列。

表6.12 不同油温下固定密封圈加速因子与加速试验时间计算结果

油温/℃	加速因子	试验时间/h
105	16.87	444.13
104	15.84	473.59
103	14.85	505.18

为保证加速试验时间协同一致,选取表6.12中试验时间小于且最接近所确定的疲劳和磨损类机理对应的试验时间(492.12h)的油温作为老化机理的加速应力水平,故选取油温为104℃,该应力水平下老化机理的加速因子为15.84。

5. 加速试验方案的最终确定

综上所述,该作动器产品加速试验的加速因子:疲劳磨损类机理加速因子为3.42;老化腐蚀类机理为15.84。根据表6.6所示的常规应力载荷谱对应的寿命指标要求,通过上述各步骤计算,且考虑产品的分散性(分散系数取1.5),共需要进行48个循环单元,加速试验总时间为492.12h,该加速试验综合载荷谱如表6.13所列。

表6.13 某型作动器产品加速试验综合载荷谱

序号	载荷	行程	频率/Hz	油温/℃	循环次数/次
1	0%	100%	0.3	104	17
2	50%	100%	0.15		33
3	90%	75%	0.15		613
4	50%	50%	0.21		5848
5	10%	10%	0.3		457
6	5%	2%	0.36		1143
小计	—	—	—		8111
试验总时间	492.12h(共计48个循环单元,对应总389328次工作循环)				

最后,需要特别说明的是,针对疲劳磨损类机理,当前所取综合加速因子为3.42,对于加速因子大于3的部件,在试验过程中实际上加严了对其的考核,故在试验过程中若出现部件故障应记录相应的故障时间以进一步进行机理分析。若故障发生时间乘以该机理对应的加速因子大于等于指标考核要求,则更换该机理所对应的部件(但不计入产品故障),继续试验以考核其他机理;但若故障发生时间乘以该机理对应的加速因子小于指标考核要求,则记产品故障发生1次,也可以更换该机理所对应的部件,继续试验进一步考核其他机理,基于该原

则直至 48 个循环单元的试验最终完成。

参考文献

[1] 姜同敏,王晓红,袁宏杰,等. 可靠性试验技术[M]. 北京:北京航空航天大学出版社,2012.

[2] HAN D, BAI T. Design optimization of a simple step-stress accelerated life test – Contrast between continuous and interval inspections with non-uniform step durations[J]. Reliability Engineering and System Safety, 2020, 199:106875.

[3] CHEN Y, SUN W, XU D. Multi-stress equivalent optimum design for ramp-stress accelerated life test plans based on D-efficiency[J]. IEEE Access, 2017, 5:25854-25862.

[4] PEI Z, CHEN Y, LIN K. Optimal design of accelerated life test plan for test standard of a manufacturer making multi-series products[J]. IEEE Access, 2019,7:171840-171852.

[5] LIAO H, ELSAYED E A. Equivalent Accelerated Life Testing Plans for Log-Location-Scale Distributions[J]. Naval Research Logs (NRL), 2010, 57(5):472-488.

[6] 中国人民解放军空军装备部综合计划部. 军用飞机结构强度规范 第6部分:重复载荷、耐久性和损伤容限:GJB67.6A—2008Z[S]. 北京:飞行试验研究院,2008.

第7章

寿命试验评价方法

传统的寿命试验评价方法主要是基于产品失效分布的统计寿命模型，该评价方法的有效性依赖于大量失效数据的统计信息作为支撑。然而，随着机械产品寿命指标的不断提高，特别是对于处于研发阶段的机械产品，在开展寿命试验过程中经常会出现失效次数很少或者"零失效"的现象，因此，仅通过失效数据无法准确评价产品真实寿命。近些年来，随着检测手段的提升，机械产品试验过程中能够获得大量退化数据，这些数据能够有效弥补在有限的试验时间内由于失效数据不足导致的寿命评价不准确的不足。因此，当前机械产品的寿命试验评价通常围绕退化数据开展。此外，针对新研制的机械产品，可能还存在相似产品的外场失效数据，这类数据能够为内场的退化建模提供一些先验信息，综合内、外场数据将进一步提升评价的准确程度。

为此，本章首先针对内场退化数据，以及内场退化和失效数据并存的情况，分别给出了基于回归模型、基于随机过程模型和基于退化量分布的寿命评价方法。在此基础上，进一步考虑存在有相似产品的外场失效数据以及目标产品的加速退化数据的数据融合过程，借助贝叶斯方法，提出了内、外场数据融合的寿命试验评价方法，用以提高机械产品寿命评价的准确性。

7.1 面向内场试验数据的寿命评价方法

7.1.1 面向内场退化数据的寿命评价方法

面向内场退化数据的寿命评价方法的基本思想是在失效机理不变的前提下，利用高应力水平下的内场退化数据来外推并评估得到产品在正常应力水平下的寿命信息。现有主要寿命评价方法包括基于回归模型、基于随机过程模型和基于退化量分布的寿命评价方法，其评价分析过程如下。

1. 基于回归模型的寿命评价方法

1) 回归模型

回归模型将产品的性能退化量作为时间的函数,对于一个确定的产品,其退化轨迹是确定的。常见的退化回归模型有三种形式:幂律形式、指数形式和对数形式[1]。上述模型形式基本能够描述机械产品性能退化的演化规律,其模型形式及特征如表 7.1 所示。值得注意的是,当幂律模型中的幂指数 $m=1$ 时,幂律模型便成为线性模型,即线性模型是幂律模型的一种特殊情况。由于在工程运用中线性模型应用广泛,因此本书将线性模型与前三种模型共同列于表 7.1 中。

表 7.1 常见的退化回归模型形式

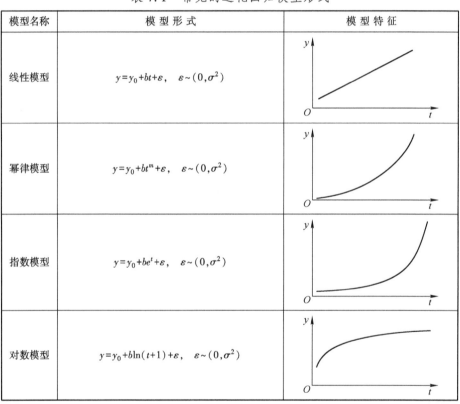

模型名称	模型形式	模型特征
线性模型	$y=y_0+bt+\varepsilon,\quad \varepsilon\sim(0,\sigma^2)$	
幂律模型	$y=y_0+bt^m+\varepsilon,\quad \varepsilon\sim(0,\sigma^2)$	
指数模型	$y=y_0+be^t+\varepsilon,\quad \varepsilon\sim(0,\sigma^2)$	
对数模型	$y=y_0+b\ln(t+1)+\varepsilon,\quad \varepsilon\sim(0,\sigma^2)$	

2) 评价方法及实施步骤

基于回归模型的寿命评价方法的基本思路是通过退化数据拟合退化轨迹得到产品达到失效阈值时的伪寿命,用威布尔分布等寿命分布进行表征,最后利用加速模型求解得到产品正常使用应力水平下的寿命分布,从而评估出可靠寿命。具体评价步骤如下所述。

步骤1:由样品的性能退化数据绘制出退化轨迹,根据退化轨迹的形状(如凹形、凸形、直线形等)选择合适的模型(如线性模型、幂律模型、指数模型、对数模型等),并且通常可以通过回归方法确定所选模型的参数解。若产品的退化轨迹大体呈一条直线,则可选择线性模型进行拟合:

$$y = y_0 + bt$$

式中:y_0 为初始时刻的退化量;b 为退化速率;y 为 t 时刻所测量的退化量。考虑到测量所带来的误差,其线性模型形式可进一步表示为

$$y = y_0 + bt + \varepsilon, \quad \varepsilon \sim (0, \sigma^2) \tag{7.1}$$

在此基础上,可通过线性最小二乘法求得模型参数值 $\hat{y}_0$ 和 $\hat{b}$。如果产品的退化轨迹呈现其他形式,根据图形特点选择相应的回归模型,并进行特定的变换,依旧可以采用线性回归方法进行参数求解。

设在第 i 个应力 S_i($S_1 < S_2 < \cdots < S_p$)下开展 q_i 个产品的退化试验,y_{ijk} 为在应力 S_i 下第 j 个产品在第 k 个测试时刻 t_k 得到的参数值($i = 1, 2, \cdots, p, j = 1, 2, \cdots, q_i, k = 1, 2, \cdots, n_{ij}$),则在应力 S_i 下第 j 个产品性能退化轨迹模型的 $y_{0,ij}$ 和 b_{ij} 的点估计可由下式确定:

$$\hat{y}_{0,ij} = \bar{y}_{ij} - \hat{b}_{ij} \bar{x}_{ij} \tag{7.2}$$

$$\hat{b}_{ij} = \frac{l_{xy,ij}}{l_{xx,ij}} \tag{7.3}$$

式中:

$$x_{ijk} = t_{ijk}$$

$$\bar{x}_{ij} = \frac{1}{n_{ij}} \sum_{k=1}^{n_{ij}} x_{ijk}$$

$$\bar{y}_{ij} = \frac{1}{n_{ij}} \sum_{k=1}^{n_{ij}} y_{ijk}$$

$$l_{xx,ij} = \sum_{k=1}^{n_{ij}} (x_{ijk} - \bar{x}_{ij})^2$$

$$l_{xy,ij} = \sum_{k=1}^{n_{ij}} (x_{ijk} - \bar{x}_{ij})(y_{ijk} - \bar{y}_{ij})$$

$$l_{yy,ij} = \sum_{k=1}^{n_{ij}} (y_{ijk} - \bar{y}_{ij})^2$$

步骤2:通过相应的退化轨迹模型可以计算每个样品达到故障阈值 D_{th} 时的伪寿命 T_{ij},其计算公式如下:

$$T_{ij} = \frac{D_{th} - \hat{y}_{0,ij}}{\hat{b}_{ij}} \tag{7.4}$$

步骤3:根据所获取的伪寿命数据选择相应的寿命分布类型开展假设检验,例如采用 K-S(Kolmogorov-Smirnov)检验方法对威布尔分布进行检验。

步骤4:在假设检验通过的前提下,通过似然比检验形状参数是否一致来判断失效机理的一致性。

步骤5:在失效机理一致的前提下,根据加速试验中的应力数量和应力类型选择合适的加速模型,可以通过成组回归分析方法或极大似然估计方法给出。其中,下面具体介绍基于极大似然估计的加速模型参数估计方法。

假设加速试验中的加速应力为温度 T,湿度 RH 以及电应力 I,则可选择广义对数线性模型作为此次试验的加速模型,即

$$t = A\exp\left(\frac{B}{T}\right)\exp\left(\frac{C}{\text{RH}}\right)I^{-D}$$

如果产品的伪寿命服从威布尔分布,则威布尔模型的位置参数 η 遵循加速规律,则产品的伪寿命数据服从威布尔分布:

$$t \sim \text{Weibull}\left[\exp\left(\alpha_0 + \frac{\alpha_1}{T} + \frac{\alpha_2}{\text{RH}} + \alpha_3 \ln I\right), m\right]$$

式中:$\alpha_0 = \ln A, \alpha_1 = B, \alpha_2 = C, \alpha_3 = -D$。威布尔分布的概率密度为

$$f(t) = \frac{m}{\eta}\left(\frac{t}{\eta}\right)^{m-1}\exp\left[-\left(\frac{t}{\eta}\right)^m\right] \tag{7.5}$$

若产品的伪寿命服从对数正态分布,则对数正态模型的位置参数 μ 将遵循加速规律,则产品的伪寿命数据服从对数正态分布:

$$t \sim \text{LN}\left[\exp\left(\alpha_0 + \frac{\alpha_1}{T} + \frac{\alpha_2}{\text{RH}} + \alpha_3 \ln I\right), \sigma\right]$$

式中,$\alpha_0 = \ln A, \alpha_1 = B, \alpha_2 = C, \alpha_3 = -D$。对数正态分布的概率分布密度为

$$f(t) = \frac{1}{\sqrt{2\pi}\sigma t}\exp\left[-\frac{(\ln(t)-\mu)^2}{2\sigma^2}\right] \tag{7.6}$$

在此基础上,采用极大似然估计方法辨识模型中的参数,其似然函数为

$$L = \prod_{i=1}^{p}\prod_{j=1}^{q} f(t_{ij}) \tag{7.7}$$

以产品的寿命分布服从威布尔分布为例,模型的似然函数为

$$L(\alpha_0, \alpha_1, \alpha_2, \alpha_3, m) = \prod_{i=1}^{p}\prod_{j=1}^{q}\left\{mt_{ij}^{m-1}\exp\left[-m\left(\alpha_0 + \frac{\alpha_1}{T} + \frac{\alpha_2}{\text{RH}} + \alpha_3\ln I\right)\right]\right\} \times$$

$$\exp\left\{t_{ij}^m \exp\left[-m\left(\alpha_0 + \frac{\alpha_1}{T} + \frac{\alpha_2}{\text{RH}} + \alpha_3\ln I\right)\right]\right\}$$

令 $\frac{\partial \ln L}{\partial \alpha_0} = 0, \frac{\partial \ln L}{\partial \alpha_1} = 0, \frac{\partial \ln L}{\partial \alpha_2} = 0, \frac{\partial \ln L}{\partial \alpha_3} = 0, \frac{\partial \ln L}{\partial m} = 0$,得到参数 α_0、α_1、α_2、α_3、m

的极大似然估计值 $\hat{\alpha}_0$、$\hat{\alpha}_1$、$\hat{\alpha}_2$、$\hat{\alpha}_3$、$\hat{m}$。

步骤6：由加速模型外推得到样品在正常使用条件下的寿命分布，从而评估出相应的可靠寿命。

以威布尔分布为例，在求得模型参数估计值 $\hat{\alpha}_0$、$\hat{\alpha}_1$、$\hat{\alpha}_2$、$\hat{\alpha}_3$、$\hat{m}$ 的基础上，代入正常使用条件下的应力水平 T_0、RH_0、I_0，可得威布尔分布参数 η 的估计值 $\hat{\eta}$ 为

$$\hat{\eta} = \exp\left(\hat{\alpha}_0 + \frac{\hat{\alpha}_1}{T_0} + \frac{\hat{\alpha}_2}{\mathrm{RH}_0} + \hat{\alpha}_3 \ln I_0\right)$$

进一步，可求得产品在正常使用条件下 t 时刻的可靠度为

$$\hat{R} = \exp\left[-\left(\frac{t}{\hat{\eta}}\right)^{\hat{m}}\right]$$

因此，产品在可靠度水平为 R 下的可靠寿命 t_R 为

$$\ln t_R = \hat{\alpha}_0 + \frac{\hat{\alpha}_1}{T_0} + \frac{\hat{\alpha}_2}{\mathrm{RH}_0} + \hat{\alpha}_3 \ln I_0 + \frac{1}{m}\ln\left[\ln\left(\frac{1}{R}\right)\right]$$

其对数可靠寿命下限估计值为

$$\ln t_{R\gamma} = \ln t_R - u_\lambda \sqrt{D(\ln t_R)}$$

式中：

$$D(\ln t_R) = \left(\frac{\partial \ln t_R}{\partial \alpha_0}\right)^2 D(\alpha_0) + \left(\frac{\partial \ln t_R}{\partial \alpha_1}\right)^2 D(\alpha_1) + \left(\frac{\partial \ln t_R}{\partial \alpha_2}\right)^2 D(\alpha_2) + \left(\frac{\partial \ln t_R}{\partial \alpha_3}\right)^2 D(\alpha_3) +$$

$$\left(\frac{\partial \ln t_R}{\partial m}\right)^2 D(m) + 2\frac{\partial^2 \ln t_R}{\partial \alpha_0 \partial \alpha_1}\mathrm{cov}(\alpha_0, \alpha_1) + 2\frac{\partial^2 \ln t_R}{\partial \alpha_0 \partial \alpha_2}\mathrm{cov}(\alpha_0, \alpha_2) +$$

$$2\frac{\partial^2 \ln t_R}{\partial \alpha_0 \partial \alpha_3}\mathrm{cov}(\alpha_0, \alpha_3) + 2\frac{\partial^2 \ln t_R}{\partial \alpha_0 \partial m}\mathrm{cov}(\alpha_0, m) + 2\frac{\partial^2 \ln t_R}{\partial \alpha_1 \partial \alpha_2}\mathrm{cov}(\alpha_1, \alpha_2) +$$

$$2\frac{\partial^2 \ln t_R}{\partial \alpha_1 \partial \alpha_3}\mathrm{cov}(\alpha_1, \alpha_3) + 2\frac{\partial^2 \ln t_R}{\partial \alpha_1 \partial m}\mathrm{cov}(\alpha_1, m) + 2\frac{\partial^2 \ln t_R}{\partial \alpha_2 \partial \alpha_3}\mathrm{cov}(\alpha_2, \alpha_3) +$$

$$2\frac{\partial^2 \ln t_R}{\partial \alpha_2 \partial m}\mathrm{cov}(\alpha_2, m) + 2\frac{\partial^2 \ln t_R}{\partial \alpha_3 \partial \alpha_m}\mathrm{cov}(\alpha_3, m)$$

2. 基于随机过程模型的寿命评价方法

1）随机过程模型

回归模型的形式较为简单，但忽略了产品差异性所造成的随机性。基于随机过程的退化模型则能够较好地反映出产品间的差异性。典型的随机过程有维纳过程、伽马过程、逆高斯过程等[2-4]。下面简要介绍这三类随机过程的定义及形式。

(1) 维纳过程模型。

如果随机过程 $\{X(t), t \geq 0\}$ 满足以下条件,则称 $X(t)$ 为参数为 $\sigma^2(\sigma>0)$ 的维纳过程,也称漂移布朗运动。

① 轨迹在 $[0, \infty)$ 中连续的概率为 1,且 $X(0) = 0$;

② $\{X(t), t \geq 0\}$ 是独立增长过程;

③ 对于任何 $0 \leq s < t, X(t) - X(s) \sim N(0, \sigma^2(t-2))$。

其中,存在一类特殊的情况,即当 $\sigma^2 = 1$ 时,称为标准布朗运动。因此,维纳过程的退化模型可描述为

$$Y(t) = \mu t + \sigma X(t) \tag{7.8}$$

式中:$Y(t)$ 为产品在 t 时刻的退化量;μ 为漂移率;σ 为扩散速率。

如果产品退化量服从漂移布朗运动,可以将产品退化过程首次达到故障阈值的时间记为 t,也称为首达时(first hitting time, FHT)。经过推导可知,产品首达时服从逆高斯分布,即 $t \sim \mathrm{IG}\left(\dfrac{D}{u}, \dfrac{D^2}{\sigma^2}\right)$,其概率密度函数为

$$f(t) = \frac{D}{\sqrt{2\pi\sigma^2 t^3}} \exp\left[-\frac{(\mu t - D)^2}{2\sigma^2 t}\right] \tag{7.9}$$

(2) 伽马过程模型。

伽马过程描述的是累积损伤过程,其定义如下:

① $P(X(0) = 0) = 1$;

② $\{X(t), t \geq 0\}$ 是平稳独立增长过程;

③ 对于任何 $0 \leq s < t, X(s+t) - X(s) \sim \Gamma(\mu t, \eta)$。

由于独立伽马分布具有可加性,因此可得 $X(t) \sim \Gamma(\mu t, \eta)$。

伽马过程的特点在于增量独立,而且增量恒为正值,使得该过程的随机变量适用于描述损伤量或退化量发生不可逆积累的情况,这点不同于维纳过程的相关描述。

伽马过程的累积失效概率为

$$\begin{aligned}
F(t) &= P(T < t) \\
&= P(X(t) > D) \\
&= \int_D^\infty \frac{1}{\Gamma(\mu t) \eta^{\mu t}} x^{\mu t - 1} \exp\left(-\frac{x}{\eta}\right) dx \\
&= \frac{\Gamma\left(\mu t, \dfrac{D}{\eta}\right)}{\Gamma(\mu t)}
\end{aligned} \tag{7.10}$$

式中:$\Gamma\left(\mu t, \dfrac{D}{\eta}\right) = \int_{\frac{D}{\eta}}^\infty x^{\mu t - 1} e^{-x} dx$ 为不完全伽马函数,由于通过积分运算直接求解

寿命分布较为复杂,可利用中心极限定理对寿命分布给出近似表述,即

$$F(t) = P(T<t) = P(X(t)>D)$$
$$= P\left(\sum (X(t_i) - X(t_{i-1})) > D\right)$$
$$\approx 1 - \phi\left(\frac{D-\mu\eta t}{\eta\sqrt{\mu t}}\right)$$
$$= \phi\left(\frac{\mu\eta t - D}{\eta\sqrt{\mu t}}\right) \quad (7.11)$$

由此,可以看出寿命分布近似为 B-S(Birnbaum-Saunders)分布。

(3) 逆高斯过程模型。

当随机过程 $\{X(t), t \geq 0\}$ 满足以下条件时,可将该过程定义为逆高斯过程:

① $X(t)$ 有独立增量;

② 对于任何 $0 \leq s<t, X(t) - X(s) \sim IG(\Lambda(t) - \Lambda(s), \eta[\Lambda^2(t) - \Lambda^2(s)])$,式中:$\Lambda(t)$ 是一个单调递增函数,$IG(a,b)$ 是逆高斯分布的概率密度函数,可以表示为

$$f_{IG}(x;a,b) = \frac{b}{2\pi x^3} \exp\left[-\frac{b(x-a)^2}{2a^2 x}\right], \quad x>0 \quad (7.12)$$

则对应的寿命分布为

$$P(T_D<t) = \phi\left[\sqrt{\frac{\eta}{D}}(\Lambda(t)-D)\right] - \exp(2\eta)\Lambda(t)\phi\left[-\sqrt{\frac{\eta}{D}}(\Lambda(t)+D)\right]$$

当 $\eta\Lambda(t)$ 较大时,可得到其近似值:

$$P(T_D<t) \approx 1 - \phi\left[\frac{D-\Lambda(t)}{\sqrt{\frac{\Lambda(t)}{\eta}}}\right] = \phi\left[\sqrt{\eta\Lambda(t)} - \frac{D\sqrt{\eta}}{\sqrt{\Lambda(t)}}\right]$$

由此,可以看出其寿命分布近似为 B-S 分布。

2) 评价方法及实施步骤

基于随机过程模型的寿命评价方法在加速建模这一方面与基于回归模型的寿命评价方法的思想基本一致,其不同点主要在于退化建模方面。具体评价步骤如下所述:

步骤1:根据产品的退化轨迹特点(例如单调、非单调等)选择合适的随机过程模型。当产品的性能退化量服从维纳过程模型时,则其性能退化量 Δy_t 服从下式:

$$\Delta y_t \sim N(\mu t, \sigma^2 t)$$

步骤2：通过极大似然估计法辨识模型参数，并求得产品的寿命分布。对于某个特定应力水平下各样本在不同时刻所测得的性能退化量，其似然函数为

$$L = \prod_{i=1}^{n} \prod_{j=2}^{m_j} \left[\frac{1}{\sqrt{2\pi\sigma^2 t_{ij}}} \exp\left(-\frac{\Delta y_{t_{ij}} - \mu t_{ij}}{2\sigma^2 t_{ij}} \right) \right] \quad (7.13)$$

式中：i 表示第 i 个样本，共计 n 个样本；j 表示第 j 个测试点，共有 m_j 个测试点；t_{ij} 为第 i 个样本的第 j 个测试时间；$\Delta y_{t_{ij}}$ 为测得的退化量增量；μ 为漂移系数；σ 为扩散系数。则产品的寿命分布即为首达时分布，即

$$t \sim \mathrm{IG}\left(\frac{\Delta y_\mathrm{L}}{\mu}, \frac{\Delta y_\mathrm{L}^2}{\sigma^2} \right) \quad (7.14)$$

式中：Δy_L 为故障阈值。

步骤3：在假设检验通过和失效机理一致的前提下，通过极大似然估计法求解加速模型的参数。

通常情况下，假设退化模型中的漂移参数 μ 和扩散参数 σ 分别服从：

$$\ln(\mu_i) = a + b\varphi(S_i) \quad (7.15)$$

$$\sigma_i^2 = \sigma^2 \quad (7.16)$$

式中：$\varphi(S_i)$ 为应力 S_i 的变化形式，可根据加速模型中不同应力类型的应力形式取 $1/S_i$，$-\ln(S_i)$，S_i。

将式(7.15)和式(7.16)代入式(7.13)，即可得到加速模型的极大似然函数，即

$$L = \prod_{i=1}^{n} \prod_{j=2}^{m_j} \left\{ \frac{1}{\sqrt{2\pi\sigma^2 t_{ij}}} \exp\left\{ -\frac{\Delta y_{t_{ij}} - \exp[a + b\varphi(S_i)] t_{ij}}{2\sigma^2 t_{ij}} \right\} \right\} \quad (7.17)$$

令 $\frac{\partial \ln L}{\partial a} = 0$，$\frac{\partial \ln L}{\partial b} = 0$，$\frac{\partial \ln L}{\partial \sigma} = 0$，得到参数 a、b、σ 的极大似然估计值 $\hat{a}$、$\hat{b}$、$\hat{\sigma}$。

步骤4：由加速模型外推得到样品在正常使用条件下的寿命分布，从而评估出相应的可靠寿命。

将模型参数估计值 $\hat{a}$、$\hat{b}$ 以及正常使用条件下的应力水平 S_0 代入式(7.15)，即可得到产品在正常应力水平的退化轨迹模型参数 μ_0 的估计值 $\hat{\mu}_0$。最终得到正常应力下退化轨迹模型为

$$y_0(t) = \hat{\mu}_0 t + \hat{\sigma}_0 B(t)$$

在此基础上，正常应力下性能参数的首达时分布为 $\mathrm{IG}\left(\frac{\Delta y_\mathrm{L}}{\hat{\mu}_0}, \frac{\Delta y_\mathrm{L}^2}{\hat{\sigma}_0^2} \right)$。

3. 基于退化量分布模型的寿命评价方法

1) 退化量分布模型

退化量分布模型假定同一类产品在不同时刻上的性能退化量服从相同类

型分布,但分布参数存在差异,因此可通过拟合各个时刻上的性能退化数据求解各个时刻下的分布参数[5]。在建模过程中,通常假设产品的退化量服从正态分布、对数正态分布、威布尔分布或者伽马分布。若产品在 t 时刻的退化量 y 服从均值为 $\mu_t(t)$(位置参数)、均方差为 $\sigma_t(t)$(形状参数)的正态分布,其退化模型示意图如图 7.1 所示。

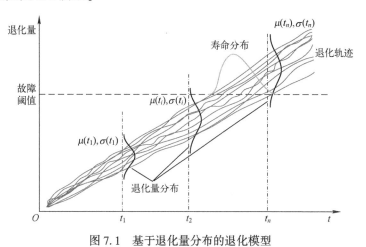

图 7.1 基于退化量分布的退化模型

当故障判据为 $y \leqslant D_{th}$ 时(即退化曲线为单调下降情况),则产品在 t 时刻的可靠度为

$$R(t) = 1 - P(y \leqslant D_{th}) = 1 - \Phi\left(\frac{D_{th} - \mu_t(t)}{\sigma_t(t)}\right) \tag{7.18}$$

当故障判据为 $y > D_{th}$ 时(即退化曲线为单调上升情况),则产品在 t 时刻的可靠度为

$$R(t) = 1 - P(y \geqslant D_{th}) = \Phi\left(\frac{D_{th} - \mu_t(t)}{\sigma_t(t)}\right) \tag{7.19}$$

在给定可靠度 R_g 下,产品的可靠寿命 T_R 可由下式计算给出,即

$$T_R = \arg_t \{R(t) = R_g\} \tag{7.20}$$

2) 评价方法及实施步骤

基于退化量分布模型的寿命评价方法从产品在不同应力水平下各个时刻的退化数据入手(数据形式如图 7.2 所示),假定数据服从同一类型分布,通过拟合各个时刻的性能退化数据找出退化量分布参数随时间的变化规律,并借助加速模型得到产品在正常使用条件下退化量分布变化轨迹,从而实现产品寿命评价。具体评价步骤如下所述。

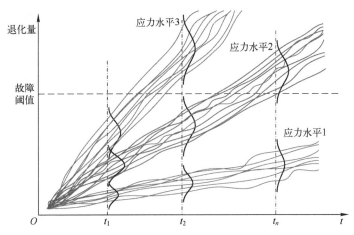

图 7.2 基于退化量分布的加速退化模型

步骤 1：收集产品在不同应力水平 S_i 下，各个试验样本 j 在不同时刻 t_k 的性能退化数据 $y_{ijk}(i=1,2,\cdots,p,j=1,2,\cdots,q_i,k=1,2,\cdots,n_{ij})$，并根据样本数据采用拟合优度检验对产品的寿命分布类型做出假设。通常情况下，性能退化数据服从正态分布、对数正态分布、威布尔分布等。

步骤 2：利用极大似然估计法分别得到各时刻点 t_i 下分布参数的估计值。

首先，假设在应力水平 S_i 下时刻点 t_k 的概率密度函数为 $f(y_{ijk};\Theta)$（Θ 为未知参数集），其似然函数为

$$L(y_{ijk};\Theta) = \prod_{j=1}^{q_i} f(y_{ijk};\Theta) \tag{7.21}$$

例如，在均值 μ 和方差 σ^2 未知的正态分布形式下，某一时刻观测点的概率密度函数为

$$f(y) = \frac{1}{\sigma\sqrt{2\pi}} \exp\left[-\frac{(y-\mu)^2}{2\sigma^2}\right] \tag{7.22}$$

对于 n 个观测值似然函数为

$$L(y_{i1k},y_{i2k},\cdots,y_{iq_ik};\mu,\sigma) = \left(\frac{1}{\sigma\sqrt{2\pi}}\right)^n \prod_{j=1}^{q_i} \exp\left[-\frac{(y_{ijk}-\mu)^2}{2\sigma^2}\right] \tag{7.23}$$

从而得到参数估计值分别为

$$\hat{\mu} = \frac{1}{q_i}\sum_{j=1}^{q_i} y_{ijk} \tag{7.24}$$

$$\hat{\sigma}^2 = \frac{1}{q_i}\sum_{j=1}^{q_i} (y_{ijk}-\hat{\mu})^2 \tag{7.25}$$

步骤 3：依据上述求得的各个应力水平下各个时刻性能退化量服从的分布

参数估计数据,绘制各分布参数随时间变化的曲线轨迹,并根据轨迹变化趋势,选择适当的曲线模型,得到参数随时间变化的函数 $\hat{\mu}_y(t)$ 和 $\hat{\sigma}_y(t)$;在此基础上,根据加速模型关系,利用最小二乘法建立参数曲线模型系数与应力水平关系 $\hat{\mu}_y(t,S)$ 和 $\hat{\sigma}_y(t,S)$;由此可以求出在正常使用条件下产品性能退化量分布参数与时间的关系 $\hat{\mu}_y(t,S_0)$ 和 $\hat{\sigma}_y(t,S_0)$。

步骤4:在给定失效阈值为 D_{th} 的情况下,可以求解得到正常应力水平下产品可靠度与性能退化量分布的关系。以性能退化数据服从正态分布为例,当故障判据为 $y \leq D_{th}$ 时,产品在 t 时刻的可靠度为

$$R(t) = \Phi\left(\frac{D_{th} - \hat{\mu}_y(t,S_0)}{\hat{\sigma}_y(t,S_0)}\right) \tag{7.26}$$

在给定可靠度 R_g 下,产品的可靠寿命 T_R 可由式(7.20)计算获取。

7.1.2 面向内场退化数据和失效数据融合的寿命评价方法

由于机械产品的长寿命特征,在加速试验过程中所产生的数据类型可能同时包含退化数据和失效数据等。针对这类退化数据和失效数据并存的情况,需要综合考虑两类数据才能有效提高寿命评价的准确性。本节中内场退化数据和失效数据融合的思想是将退化数据外推至伪寿命,并将失效数据和伪寿命结合开展加速退化建模用以评价产品在正常应力条件下的寿命水平,其具体步骤如下:

步骤1:收集产品在各个应力水平 S_i 下,各个试验样本 j 的失效数据 $T_f = (T_{f1}, T_{f2}, \cdots, T_{fn})$ 和退化数据 y_{ij}。

步骤2:对于失效数据,如果为在线连续监测,可直接使用失效时间数据;对于离散观测数据,需要通过插值计算得到其失效时间。

步骤3:对于退化数据,可通过构建回归模型拟合得到模型参数估计值,外推至伪寿命 $\hat{T}_{ij}$(伪寿命数据不包含已经发生失效的样本),并且采用相应的检验方法确认产品的退化轨迹是否符合所提出的模型,具体方法可参考7.1.1节1.中步骤1~步骤4。

步骤4:由于所分析的产品属于同类产品,其退化规律一致,因此可直接将失效数据 T_f 和伪寿命数据 $\hat{T}_{ij}$ 相结合,参考7.1.1节1.中步骤5~步骤6构建加速模型并外推至正常使用条件下的寿命分布,从而评估相应的可靠寿命。

7.1.3 应用案例

本案例以某型号电连接器为应用对象,针对其应力松弛指标的退化数据[6-7],介绍面向内场退化数据的寿命评价方法。该型号电连接器案例加速退

化试验的基本信息如表 7.2 所列。三个应力水平下的应力松弛退化曲线如图 7.3 所示。

表 7.2 某型号电连接器退化试验基本信息

试验基本信息	信息内容
应力施加方式	恒定应力
性能参数类型	应力松弛
试验应力类型	温度
性能参数初始值 y_0/%	0
性能参数退化起始时刻 t_0/h	0
性能参数失效阈值 y_{th}/%	30
试验应力水平/℃	65,85,100
试验次数	11,10,10
试验样品数量	6,6,6

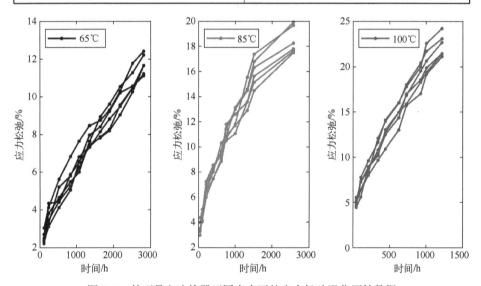

图 7.3 某型号电连接器不同应力下的应力松弛退化原始数据

1. 退化数据一致性检验

首先,针对同一应力条件下多个样本的退化数据进行一致性检验。在本案例中,将电连接器关键性能退化参数(应力松弛)作为评价健康状态的关键指标。然后计算在相同应力条件下六个样本的健康度(应力松弛)偏差,用以评价退化试验数据的一致性水平。

对此,使用变异系数 CV 对样本间健康度(应力松弛)离散程度进行定量化

的描述,定义为数据标准差 σ 与原始数据平均数 μ 之比,即

$$CV = \frac{\sigma}{\mu}$$

基于变异系数的定义,计算各个时刻点下健康度的 CV_{ij}:

$$CV_{ij} = \frac{\sigma_{ij}}{\mu_{ij}}$$

式中:CV_{ij} 为第 i 组应力条件下第 j 个时刻 6 个样本健康度的 CV 值;σ_{ij} 为第 i 组应力条件下第 j 个时刻 6 个样本健康度的标准差;μ_{ij} 为第 i 组应力条件下第 j 个时刻 6 个样本健康度的均值。

由此,每个应力条件下的 CV 值为所有时刻点的最大值,即

$$CV_i = \max(CV_{ij})$$

从而计算得到各个应力条件下 CV 值如表 7.3 所列。

表 7.3 各个应力条件下应力松弛的 CV 值

应力序号	应力水平	CV 值
1	65℃	13.42%
2	85℃	14.38%
3	100℃	11.79%

从表 7.3 中可知,所有应力条件下各个样本间的健康度偏差都没有超过 15%,满足退化试验数据的一致性要求,所获得的退化数据可以用于健康度评估。

2. 退化轨迹模型参数估计

退化轨迹描述了性能参数随时间的变化规律,通过电连接器的退化轨迹可以看出,其应力松弛退化规律基本遵循幂律模型的变化趋势,因此其退化轨迹可以采用幂律模型描述,即

$$y = y_0 + b(t - t_0)^m$$

式中:y 为时刻 t 下的电连接器应力松弛量;t_0 为退化起始时刻;y_0 为退化起始时刻的应力松弛初始值;b 为系数;m 为幂指数。

因此,结合幂律模型与试验基本信息,电连接器退化数据可构建出如下回归模型:

$$Y = A + BX + \varepsilon$$

式中:$Y = \ln y$,$X = \ln t$,$A = \ln b$,$B = m$。其中,回归模型参数 A、B 可通过最小二乘法进行估计,即通过式(7.2)和式(7.3)计算获取。

3. 伪寿命估计

本案例给定的电连接器故障判据为:当电连接器的应力松弛达到 30% 时,

则判定电连接器故障,即

$$y_{th} = 30\%$$

式中:y_{th} 为电连接器应力松弛的失效阈值,则电连接器的伪寿命估计为

$$\hat{t} = \left(\frac{100 \times y_{th}}{b}\right)^{\frac{1}{m}}$$

最终,不同应力条件下电连接器应力松弛退化轨迹模型参数估计、相关系数及伪寿命估计如表7.4所示,其退化轨迹拟合效果如图7.4所示。

表7.4 不同应力条件下参数估计及(伪)寿命　　（单位:h）

应力条件	序号	A	B	b	m	寿命
65℃	1	-1.6168	0.5014	0.1985	0.5014	22196.57
	2	-1.3602	0.4647	0.2566	0.4647	28175.78
	3	-1.3921	0.4799	0.2486	0.4799	21757.29
	4	-1.4451	0.4804	0.2357	0.4804	24050.84
	5	-0.8924	0.4207	0.4097	0.4207	27058.30
	6	-1.0313	0.4283	0.3565	0.4283	31249.97
85℃	1	-0.5213	0.4366	0.5938	0.4366	7969.41
	2	-0.2141	0.3901	0.8072	0.3901	10595.09
	3	-0.5106	0.4435	0.6002	0.4435	6767.23
	4	-0.4489	0.4191	0.6383	0.4191	9771.08
	5	-0.5722	0.4499	0.5643	0.4499	6844.77
	6	-0.2438	0.4049	0.7836	0.4049	8128.41
100℃	1	-0.5305	0.5032	0.5883	0.5032	2475.44
	2	-0.2536	0.4500	0.7760	0.4500	3367.43
	3	-0.1829	0.4553	0.8328	0.4553	2625.10
	4	-0.2015	0.4527	0.8175	0.4527	2861.00
	5	-0.2787	0.4773	0.7568	0.4773	2231.06
	6	-0.3629	0.4940	0.6957	0.4940	2037.44

4. 寿命加速模型参数估计

由于加速应力为温度,本案例选用如下加速模型:

$$t = A\exp\left(\frac{B}{T}\right)$$

式中:T 为热力学温度(K);A 和 B 为常数。

根据表7.4中(伪)寿命数据,通过赤池信息准则(AIC准则)确定伪寿命的

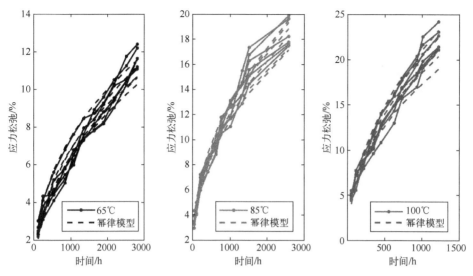

图7.4 某型号电连接器不同应力下的应力松弛退化幂律模型拟合效果

最优分布为指数分布,则寿命加速模型为

$$t \sim E\left(1 \Big/ \exp\left(\alpha_0 + \frac{\alpha_1}{T}\right)\right)$$

式中:$\alpha_0 = \ln A$;$\alpha_1 = B$。

对加速模型中参数 α_0, α_1 采用整体极大似然估计,其整体极大似然函数为

$$L(\alpha_0, \alpha_1) = \prod_{i=1}^{3} \prod_{j=1}^{6} \exp\left[-\alpha_0 - \frac{\alpha_1}{T} - \exp\left(-\alpha_0 - \frac{\alpha_1}{T}\right)\hat{t}_{ij}\right]$$

式中:$\hat{t}_{ij}$ 为第 i 组加速应力水平下第 $j(j=1,2,\cdots,q_i)$ 个电连接器的(伪)寿命值。

求解偏微分方程组 $\frac{\partial \ln L}{\partial \alpha_0} = 0, \frac{\partial \ln L}{\partial \alpha_1} = 0$,即可得到参数 α_0、α_1 的极大似然估计值分别为 $\hat{\alpha}_0$、$\hat{\alpha}_1$。并且,为了获取给定置信区间的区间估计值,还需计算参数 α_0、α_1 的协方差矩阵 $\boldsymbol{\Sigma}$,其计算形式如下:

$$\boldsymbol{\Sigma} = \boldsymbol{F}^{-1}$$

式中:$\boldsymbol{F}$ 为 Fisher 信息矩阵,其具体表达式为

$$\boldsymbol{F} = \begin{bmatrix} -\dfrac{\partial^2 \ln L}{\partial \alpha_0^2} & -\dfrac{\partial^2 \ln L}{\partial \alpha_0 \partial \alpha_1} \\ -\dfrac{\partial^2 \ln L}{\partial \alpha_1 \partial \alpha_0} & -\dfrac{\partial^2 \ln L}{\partial \alpha_1^2} \end{bmatrix}$$

最终,得到参数估计值 $\hat{\alpha}_0$、$\hat{\alpha}_1$ 及协方差矩阵 $\boldsymbol{\Sigma}$,如表7.5所列。

表 7.5　寿命加速模型参数极大似然估计值和协方差矩阵

参　数	极大似然估计值	协方差矩阵 Σ	
		α_0	α_1
α_0	−16.0635	18.0770	0
α_1	8928.0075	0	0.000142

5. 可靠寿命评估

在温度 T 下,可靠度为 R 的对数寿命估计为

$$\ln t_R = \alpha_0 + \frac{\alpha_1}{T}$$

对数可靠寿命下限估计为

$$\ln t_{R\gamma} = \ln(-\hat{\theta}\ln R) - u_\gamma \sqrt{\text{var}(\theta)\frac{1}{\hat{\theta}^2}}$$

式中:γ 为置信度;$\theta = \exp\left(\alpha_0 + \dfrac{\alpha_1}{T}\right)$。

$\text{var}(\theta)$ 和 u_γ 可以通过下式表示:

$$\text{var}(\theta) = \begin{bmatrix} \dfrac{\partial \ln t_R}{\partial \alpha_0} & \dfrac{\partial \ln t_R}{\partial \alpha_1} \end{bmatrix} \cdot F^{-1} \cdot \begin{bmatrix} \dfrac{\partial \ln t_R}{\partial \alpha_0} & \dfrac{\partial \ln t_R}{\partial \alpha_1} \end{bmatrix}^T$$

$$\frac{1-\gamma}{2} = \frac{1}{\sqrt{2\pi}} \int_{u_\gamma}^{+\infty} e^{-\frac{t^2}{2}} dt$$

由此,可以评估出电连接器在可靠度 $R = 0.9$、置信度 $\gamma = 0.9$ 时,处于 25℃ 的实际应力条件下的可靠寿命下限为 11250.70h。

7.2　面向内场与外场试验数据融合的寿命评价方法

7.2.1　内场与外场数据特征

机械产品内场与外场试验数据具有一定的差异性,主要体现在以下几方面:

(1) 内场试验环境所经历的应力类型通常是单一应力或几类应力的组合,外场真实使用环境所面临的应力通常更为复杂多样,环境应力的差异导致内场数据无法真实反映外场实际使用的真实状态。

(2) 内、外场数据所属产品型谱同样也存在差异性,试验数据可能来源是目标产品(被评估产品)自身进行试验所产生的数据,也可能是同类产品或相似

产品的试验数据。目标产品以及相似产品在各自内、外场的数据间的真实程度不尽相同[8]。

上述内、外场数据的差异性特征导致数据融合过程存在多种形式。对于新研制的机械产品,通常由于还未实际交付,只开展了相关的内场试验,缺乏自身的外场数据,但存在有相似产品的外场失效数据。因此,本节主要针对上述存在相似产品的外场失效数据以及目标产品的加速退化数据的数据融合过程进行介绍。其主要融合过程是将相似产品的外场失效数据作为先验信息,并采用贝叶斯方法,建立目标产品参数后验分布函数,进而提高产品寿命评价的准确性。

7.2.2 评价方法及实施步骤

1. 参数联合共轭先验分布函数

本节假定目标产品及相似产品的退化过程均服从维纳过程且参数的先验分布类型已知,其退化模型可由下式表示,即

$$Y(t)=\sigma B(t)+d(s)t+y_0 \tag{7.27}$$

式中:$Y(t)$为产品在t时刻的退化量;$B(t)$为均值为0、方差为t的布朗运动;σ为扩散速率;y_0为性能参数初始值;$d(s)$为漂移系数,描述的是与应力相关的退化率。

由于内场试验只能反映实验室加载条件,其应力类型与外场实际使用的应力状态可能存在一定的差异,为了反映这类差异,本节引入修正系数k用于描述额外环境应力的影响,主要体现在对漂移系数$d(s)$的作用,可由下式表示,即

$$d_f(s)=d_{ADT}(s) \cdot k_1 \tag{7.28}$$

式中:$d_f(s)$为外场条件的漂移系数;$d_{ADT}(s)$为内场条件的漂移系数。

为了便于计算,令$\omega=1/\sigma^2$,$\lambda=d(s)$。为了体现不同样本在退化过程中的随机效应,将维纳过程的分布参数作为随机变量并服从某一分布,本节假设λ和ω的联合共轭先验分布为正态-伽马分布,即

$$\begin{cases} \lambda \sim \text{Normal}(a,b/\omega) \\ \omega \sim \text{Gamma}(c,d) \end{cases}$$

式中:a、b为正态分布的超参数;c、d为伽马分布的超参数。

2. 外场相似产品失效数据的完全似然函数构建

本节将收集到的相似产品失效数据$T=(t_1,t_2,\cdots,t_{n_1})$作为先验信息,并假设目标产品及相似产品的退化过程均服从维纳过程,则外场失效时间$T=(t_1,t_2,\cdots,t_{n_1})$服从逆高斯分布,其概率密度函数由下式(7.29)表示,即

$$h(t) = \left(\frac{l^2 \omega_f}{2\pi t^3}\right)^{\frac{1}{2}} \exp\left[-\frac{\omega(l-\lambda_f t)^2}{2t}\right] \quad (7.29)$$

式中：l 为产品的失效阈值。

进而，通过引入一组参数的潜在数据 $(\lambda_1, \omega_1), (\lambda_2, \omega_2), \cdots, (\lambda_{n_1}, \omega_{n_1})$，得到该相似产品失效时间的完全似然函数为

$$L(T|a,b,c,d,\lambda_j,\omega_j) = \prod_{j=1}^{n_1} h(t_j) \cdot \prod_{j=1}^{n_1} \pi(\lambda_j, \omega_j) \quad (7.30)$$

为了求解先验分布中的超参数 a、b、c、d 估计值，可采用最大期望（EM）算法或遗传算法进行迭代计算查找最优先验估计值。

3. 内场目标产品退化数据贝叶斯更新

如果目标产品内场试验过程中收集到退化数据 $Y_A(t) = [Y_A(t_1), Y_A(t_2), \cdots, Y_A(t_{n_2})]$，则退化量 Δy_A 服从下式，即

$$\Delta y_A \sim N(\lambda_A \Delta t_A, t/\omega_A) \quad (7.31)$$

可构建目标产品内场退化的似然函数 $L(Y_A|\lambda_A, \omega_A)$，其函数形式如下：

$$L(Y_A|\lambda_A, \omega_A) = \prod_{i=1}^{n_2} \frac{1}{\sqrt{2\pi \Delta t_i/\omega}} \exp\left[-\frac{\omega(\Delta Y_A(t_i) - \lambda \Delta t_i)^2}{2\Delta t_i}\right] \quad (7.32)$$

由此，可将相似产品的外场失效数据作为先验信息，推导出目标产品内场退化数据 λ_A, ω_A 的先验分布函数 $\pi(\lambda_A, \omega_A)$ 及其超差估计值，从而确定参数后验分布函数 $\pi(\lambda_A, \omega_A|Y_A)$，即

$$\pi(\lambda_A, \omega_A|Y_A) \propto L(Y_A|\lambda_A, \omega_A) \cdot \pi(\lambda_A, \omega_A) \quad (7.33)$$

7.2.3 应用案例

本案例以某型号电连接器在 100℃ 下的应力松弛指标的加速退化数据和其相似产品在正常应力 25℃ 下的外场失效数据作为案例应用对象，对其数据进行融合分析介绍。其主要融合过程是将相似产品的外场失效数据作为先验信息，并采用贝叶斯方法，建立目标产品参数后验分布函数，进而提高产品寿命评价的准确性。

该电连接器在 100℃ 下的应力松弛退化曲线可参见图 7.3 所示，其相似产品在正常应力 25℃ 下的外场失效数据如表 7.6 所列。

表 7.6　相似产品在正常应力 25℃ 下的外场失效数据　　（单位：h）

序号	1	2	3	4	5	6
失效时间	106881.67	109694.35	112507.02	115319.70	118132.37	120945.05

1. 联合共轭先验分布参数估计

首先,先验分布的联合分布函数如下式所示:

$$\pi(\lambda,\omega|a,b,c,d) = \frac{\sqrt{\omega}}{\sqrt{2\pi}\cdot d^c \cdot \Gamma(c)} \cdot \exp\left[-\frac{\omega\cdot(\lambda-a)^2}{2b}\right]\cdot \omega^{c-1}\cdot \exp\left(-\frac{\omega}{d}\right)$$

在此基础上,利用遗传算法进行迭代计算寻找最优先验估计值,结果如表7.7所列。

表7.7 先验分布估计值

参数	a	b	c	d
先验分布估计值	0.2438	0.4508	0.9636	0.4661

2. 贝叶斯更新

该型电连接器在内场试验过程中收集到的退化数据如表7.8所列。

表7.8 内场退化试验数据 (单位:%)

时间/h	样本					
	1	2	3	4	5	6
0	0	0	0	0	0	0
46	4.45	4.91	5.19	4.71	5.54	4.52
108	5.58	6.36	7.23	7.3	6.37	7.74
212	8.93	7.98	8.63	8.86	8.31	9.58
344	10.33	9.65	10.77	10.15	12.1	11.6
446	12.48	10.87	12.72	13.01	13.94	14.09
626	14.34	13	14.95	14.95	15.97	16.02
729	16.95	15.7	16.81	15.87	18	17.76
927	18.54	17	19.5	18.27	20.4	19.97
1005	19.85	19.14	20.62	19.37	21.69	22.55
1218	21.44	21.09	22.66	21.4	23.07	24.2

对此,从第二个测量时刻点(46h)开始,利用收集到的每个测量时刻点的六个样本的内场退化数据,可构建电连接器内场退化的似然函数值,如表7.9所列。

表7.9 各测量时刻电连接器内场退化的似然函数值

时间/h	46	108	212	344	446	626	729	927	1005	1218
似然函数值	0.0616	0.0006	0.0025	0.0006	0.0102	0.0462	0.0044	0.0138	0.0059	0.8053

根据表 7.8 可逐步更新后验分布函数的参数值。

参考文献

[1] 麦克弗森 J W. 可靠性物理与工程:失效时间模型[M]. 北京:科学出版社,2013.

[2] SI X,WANG W,HU C,et al. Remaining useful life estimation – A review on the statistical data driven approaches[J]. European Journal of Operational Research,2011,213(1):1-14.

[3] YE Z,WANG Y,TSUI K,et al. Degradation data analysis using wiener processes with measurement errors[J]. IEEE Transactions on Reliability,2013,62(4):772-780.

[4] PAN Z,N B. Multiple-steps step-stress accelerated degradation modeling based on wiener and Gamma processes[J]. Communications in Statistics-Simulation and Computation,2010,39(7):1384-1402.

[5] 邓爱民. 高可靠长寿命产品可靠性技术研究[D]. 长沙:国防科学技术大学,2006.

[6] YE Z S,CHEN L P,TANG L C,et al. Accelerated degradation test planning using the Inverse Gaussian process [J]. IEEE Transactions on Reliability,2014,63(3):750-763.

[7] 吴纪鹏. 基于性能退化实验数据的确信可靠性建模与分析[D]. 北京:北京航空航天大学,2020.

[8] 裴梓渲. 多系列产品加速寿命试验方案优化方法[D]. 北京:北京航空航天大学,2019.

附录

航空机载产品常见机理确定参考表

常见最低约定层次单元与机理映射关系的确定可参考表1。

表1 航空机载产品常见机理确定参考表

序号	最低约定层次单元名称	载荷类型							
		工作载荷						环境载荷	
		负载力	转速	压力	油温	频率	行程	环境温度	振动
1	安装座	疲劳	—	疲劳	—	—	—	—	疲劳
2	圆柱销	疲劳	—	—	—	—	—	—	疲劳
3	挡圈	疲劳	—	—	—	—	—	—	—
4	后盖	疲劳	—	—	—	—	—	—	—
5	波浪圈	疲劳	—	—	—	—	—	—	—
6	垫圈	疲劳	—	—	—	—	—	—	—
7	O形密封圈	—	—	—	老化	—	—	老化	—
8	弹簧	疲劳	—	—	—	—	—	—	—
9	卡圈	疲劳	—	—	—	—	—	—	—
10	衬套	疲劳	—	—	—	—	—	—	—
11	销子	疲劳	—	—	—	—	—	—	—
12	皮碗部件	—	磨损	—	老化	—	—	老化	—
13	支撑圈	疲劳	—	—	—	—	—	—	—
14	内轴	疲劳	磨损	—	—	—	—	—	疲劳
15	轴套	疲劳	—	—	—	—	—	—	—
16	齿形圈	疲劳	磨损	—	—	—	—	—	—
17	止动销	疲劳	—	—	—	—	—	—	—
18	轴承	疲劳	磨损	—	—	—	—	—	—
19	固定支座	疲劳	磨损	—	—	—	—	—	—

续表

序号	最低约定层次单元名称	工作载荷						环境载荷	
		负载力	转速	压力	油温	频率	行程	环境温度	振动
20	卡盘	疲劳	磨损	—	—	—	—	—	—
21	球头保险销	疲劳	—	—	—	—	—	—	—
22	弹性销	疲劳	—	—	—	—	—	—	—
23	耐磨片	疲劳	磨损	—	—	—	—	—	—
24	滚针	疲劳	磨损	—	—	—	—	—	—
25	小轴	疲劳	磨损	—	—	—	—	—	—
26	滚轮	疲劳	磨损	—	—	—	—	—	—
27	斜盘	疲劳	—	—	—	—	—	—	—
28	定位销	疲劳	—	—	—	—	—	—	—
29	柱塞	疲劳	磨损	疲劳	—	—	—	—	—
30	滑履	疲劳	磨损	疲劳	—	—	—	—	—
31	转子	疲劳	磨损	—	—	—	—	—	—
32	螺套	疲劳	—	—	—	—	—	—	—
33	保持架	疲劳	—	—	—	—	—	—	—
34	转子轴承内圈	疲劳	磨损	—	—	—	—	—	—
35	滚子	疲劳	磨损	—	—	—	—	—	—
36	分油盖	疲劳	磨损	疲劳	—	—	—	—	疲劳
37	活门座	疲劳	—	—	—	—	—	—	—
38	弹簧座	疲劳	—	—	—	—	—	—	—
39	螺母	疲劳	—	—	—	—	—	—	—
40	四氟塑料圈	—	—	—	老化	—	—	老化	—
41	高压活门	—	—	疲劳	—	—	—	—	—
42	差压顶杆	—	—	疲劳	—	—	—	—	—
43	高压活门套筒	—	—	疲劳	—	—	—	—	—
44	差压活塞	—	—	疲劳	—	—	—	—	—
45	卸压活门	—	—	疲劳	—	—	—	—	—
46	90°沉头螺钉	疲劳	—	—	—	—	—	—	—
47	电磁铁	疲劳	—	—	—	—	—	—	—

续表

序号	最低约定层次单元名称	载荷类型							
		工作载荷						环境载荷	
		负载力	转速	压力	油温	频率	行程	环境温度	振动
48	阀座	疲劳	—	—	—	—	—	—	—
49	螺堵	疲劳	—	—	—	—	—	—	—
50	垫片	疲劳	—	—	—	—	—	—	—
51	垫块	磨损	—	—	—	—	—	—	—
52	螺栓	疲劳	—	—	—	—	—	—	—
53	电磁活门	疲劳	—	—	—	—	—	—	—
54	电磁活门套筒	疲劳	—	—	—	—	—	—	—
55	活塞堵套	疲劳	—	—	—	—	—	—	—
56	随动活塞	磨损	—	—	—	—	—	—	—
57	保护圈	疲劳	—	—	—	—	—	—	—
58	堵盖	疲劳	—	—	—	—	—	—	—
59	胶圈	—	—	—	老化	—	—	老化	—
60	转动套	—	—	疲劳	—	—	—	—	—
61	筒体	—	—	疲劳	—	—	—	—	—
62	盖子	—	—	疲劳	—	—	—	—	疲劳
63	壳体	疲劳	—	—	—	—	—	—	疲劳
64	回油管接头	—	—	疲劳	—	—	—	—	—
65	回油管座	—	—	疲劳	—	—	—	—	—
66	锥阀	—	—	疲劳	—	—	—	—	—
67	转子轴承外圈	疲劳	磨损	—	—	—	—	—	—
68	盖板	疲劳	—	—	—	—	—	—	—
69	进口管接头	—	—	疲劳	—	—	—	—	疲劳
70	胶垫	—	—	—	老化	—	—	老化	—
71	压紧螺母	疲劳	—	—	—	—	—	—	—
72	回位活塞	磨损	—	—	—	—	—	—	—
73	转子套齿	疲劳	—	—	—	—	—	—	—
74	帽盖	疲劳	—	—	—	—	—	—	—
75	漏油管接头	—	—	—	—	—	—	—	疲劳

续表

序号	最低约定层次单元名称	载荷类型							
		工作载荷						环境载荷	
		负载力	转速	压力	油温	频率	行程	环境温度	振动
76	密封垫	—	—	—	老化	—	—	老化	—
77	温度开关	—	—	—	—	—	—	—	疲劳
78	阀芯	—	—	—	—	磨损	—	—	—
79	阀套	—	—	—	—	磨损	—	—	—
80	皮碗	—	—	—	—	—	磨损	—	—
81	阀板	—	—	—	—	—	磨损	—	—
82	堵头	疲劳	—	—	—	—	—	—	—
83	管嘴	疲劳	—	—	—	—	—	—	—
84	摇臂	疲劳	—	—	—	—	—	—	—
85	操纵杆系	疲劳	—	—	—	—	—	—	—
86	反馈接杆	疲劳	—	—	—	—	—	—	—
87	活塞杆	疲劳	—	—	—	—	—	—	—
88	活塞	疲劳	—	—	—	—	—	—	—
89	活塞杆导向件	—	—	—	—	磨损	磨损	—	—
90	接头	疲劳	—	—	—	—	—	—	—
91	关节轴承	磨损	—	—	磨损	磨损	—	磨损	—
92	防尘圈	老化	—	—	—	—	—	—	—
93	支撑座	疲劳	—	—	—	—	—	—	—
94	卡块	疲劳	—	—	—	—	—	—	—
95	反馈杆	疲劳	—	—	—	—	—	—	—

后记

随着2022年10月21日—11月4日为民会客厅三场"可靠性技术新书荐书会"圆满收官！尤其是首场即《机械产品寿命设计与试验技术》推介会得到了学术界和工业界的一致好评，在京东商城一般工业技术图书热卖榜蝉联榜首10天。

借直播机会，推介会主办方国防工业出版社和为民可靠性研究院要求我尽快整理推介会的讲稿并尽快与大家分享。刚好趁本书重印机会，我强烈要求出版社的周敏文编辑，将这份推荐会的分享讲稿作为第二次印刷的后记，以感谢支持我、鼓励我的读者朋友们，更算是送给第二次印刷所面向的读者朋友们的福利，下面这份分享稿更能相对全面反映我的心声，可以算是《机械产品寿命设计与试验技术》的导读，读者朋友们可以先看该导读再看本专著，也许能更好地理解和阅读。

下面我给大家简要介绍这本专著所撰写的研究背景、原理研究、应用研究和研究成果等方面内容，以及我们团队在机械产品寿命设计和试验技术这个领域所取得的一些创新成果及工程应用。

(1) 研究背景。本书的研究背景实际上来自于装备对高可靠长寿命指标要求，为了实现这个指标，在装备的研制过程中要充分认识到如下四种属性，即面向全寿命周期的工况和载荷的严酷性、装备自身内在退化规律的复杂性、装备整体组成的关联性以及不同层级之间的系统层次性。还有最关键的是围绕上述属性的各种不确定性，如载荷/工况、退化规律、设计参数、结构工艺等都有一定的不确定性，这种不确定性贯穿于全生命周期，而且随着系统的退化和不同层级的传播将呈现出随着时间和空间的演变规律。针对这个演变规律，要面向高可靠长寿命指标需求，首先得到认知并探索规律，然后据此实现系统的可靠性与寿命的设计和试验，那么设计和试验技术方法是本专著所要关注的，也是我们的研究难点。

围绕上述背景，我们在研究过程中始终关注两个层面的事情：

① 研究装备故障的根因和机制，从故障物理的角度来研究故障机理，在内外因作用下，装备确定性和不确定性的规律以及传播规律，进而来认识它的故障行为(系统行为)。

② 在不断迭代循环的过程中，我们始终要研究诸多科学问题，如故障的多

尺度性、一致性等规律,在研究这些规律的过程中,会涉及到一些实证技术,无论是仿真还是真实的试验,都需要去证实研究原理。这也是我们整个研究的脉络。

(2) 原理方面的研究。原理研究实际上是围绕模型和方法论等方面的研究,包括基本概念和内涵、原理和方法(行为分析和建模)、技术方法及框架三方面的内容。

① 概念和内涵。围绕高可靠长寿命的指标需求,我们的核心是要认知故障。故障的定义是产品或产品的一部分不能或将要不能完成规定功能的事件或状态,故障是由内因、外因及其相互作用所致。故障行为,简单地说就是要如何去探知这个非正常状态。从宏观上来说,包括性能参数、结构完整性参数,这里就有多尺度表征的问题。有了对故障行为的认知之后,就要针对全生命周期载荷和剖面下,这些故障行为随时间表现出来的规律建模。故障行为模型要如何去建立,这是一个值得长期研究的话题。在此暂列举两类行为模型:一是参数-时间型行为模型,即性能参数或结构完整性等参数随着内外因及时间的演变规律模型;二是时间-应力型行为模型,通过参数随时间的变化,以及产品围绕不同层级的故障阈值来共同确定。有了这些研究思路和模型作为基础,接下来就要围绕高可靠长寿命的指标如何进行度量,如寿命、平均故障时间、可靠寿命等。

② 原理和方法(即行为分析和建模)。我们研究的整个思路采取的是先分析后建模的思路,即 V 字形模型。围绕任一选定系统,首先对系统进行逐层分析,系统分析不仅是对组成结构的自上而下分析,更是对载荷的层次分析,从系统所受到的整体载荷逐层分析确定每个机理局部对应的敏感载荷,这是一个难点,必须要理清到这个难点之后再自下向上进行逐层建模。

那么首先是机理模型怎么建立?这里我们对项目组过去十多年里积累的机理模型研究成果做个简要梳理。一是基于 973 项目,总共收集了 163 个机理模型,并建立了模型库,包括电子、机械、机电等行业。随着对装备寿命的深入研究,项目组的模型在不断地积累,模型库也在不断地完善和更新。本专著第 3 章给出了适用于机械产品的比较典型和普适的 54 个机理模型,也形成了相应的软件模型计算库。二是关于多机理耦合建模方法,这里涉及的耦合关系主要归类为竞争、触发、促进/抑制、累积等四种。并且这里以结构界面磨损多机理耦合损伤建模方法为例,详细展示了黏着-磨粒、黏着-疲劳、疲劳-磨损等多机理耦合模型的建模方法,包括面向全寿命周期复杂载荷、工况载荷自上向下的分析,确定每种机理所对应的局部受力大小,以及考虑耦合机制(这里首先得分析多种行为之间相互作用,并且提取多机理相互作用的中间参量,针对这些参量,则呈现不同的触发关系,如有些是竞争、有些是促进或累积等关系)的解析模型推演过程,然后针对建立得到的耦合模型输出的形貌参数又反过来作用到接触界面的受力(即应力)分析,如此反复,耦合机理模型才算建立。然后还得需要围绕不同尺度不同层次、设计面向不同载荷作用的磨损规律验证实验,以验证所建立模型的正确性。

进一步针对机理模型如何向上层演变,即故障行为模型如何建立?故障行为建模包括两种途径,即基于逻辑功能建模和基于物理功能建模。从机理到行为,针对前者的逻辑行为建模就是我们常说的逻辑框图,如可靠性框图、故障树、Petri 网等,该建模方法依赖设计人员对产品各层级及不同单元之间的故障逻辑关系的认知,对复杂系统来说,存在很大的认知不确定性。那么,基于项目组的研究基础和经验,以及这本专著所推崇的方法主要是物理功能建模,也称为基于原理的故障行为建模方法,该方法通过遵循系统自身的内在物理演变规律,通常采用解析(适用于简单产品)、仿真和数字样机的建模方法来揭示系统自身的演变规律和内在相关性,该方法可以围绕装备的各个层次,基于上述建模方法来实现从机理到系统层面故障行为的推演。所以,基于物理功能的故障行为建模方法可以实现更加精细化和实用化,无论从工程还是学术角度,我们项目组一直都是在研究或运用物理功能模型这个途径,从不同尺度推演物理功能模型随着全寿命周期不同载荷及工况下所表现出来的随着时间的演化规律。

举个例子,比如:齿轮系统的机理有齿根裂纹和齿面剥落,其揭示的是面向全寿命周期载荷和工况下的损伤演变规律,其输入除了材料、工艺、装配等内因参数,更包括载荷和工况信息,输出是损伤量的大小(如齿根裂纹的尺寸和位置,齿面剥落坑的大小/面积/体积/密度等)。故障行为是指这两类机理往上层演变到对系统时变啮合刚度的影响,这是一个自下向上传输的系统行为,中间传播的功能物理模型就是指系统的动力学模型,也称为系统的行为模型。该模型的输入是齿根和齿面的损伤量大小(如齿根裂纹的尺寸和位置,齿面的剥落坑的大小/面积/体积/密度等,与机理的输出相呼应),输出是系统的动力学响应。这样从机理到系统输出的故障行为模型就建立起来了,这也对应着康锐教授出版的《确信可靠性理论与方法》中所提出的第一个方程,即学科方程。

有了上述故障机理和故障行为模型的度量,围绕不同层级,即底层损伤量的大小和系统层系统动力学响应在载荷的持续作用下随着时间的退化规律,对应《确信可靠性理论与方法》中提到的第二个方程,即退化方程。

接下来,从故障的角度,就得讨论针对系统动力学响应的输出规律,从系统功能和性能的角度来判断什么叫系统的故障,明确给出系统的设计裕量,即系统的裕量方程。该方程通过系统的行为模型进行反向推演,即可得到机理层面的裕量大小,即机理层级的裕量方程。这也对应着《确信可靠性理论与方法》中提到的第三个方程,即裕量方程。有了研究该演变规律,通过系统的裕量大小作为判据,结合系统行为模型和机理损伤模型作为桥梁,系统的动力学响应不能满足要求所对应的载荷持续时间(当然载荷持续时间与任务剖面还得折算)就能确定下来,即系统的寿命大小。

最后,有了退化的演变规律,也有了裕量,还得考虑全过程中的不确定性传播,这个时候不确定规律就得出来了,对应着《确信可靠性理论与方法》中提到的第四个方程,即度量方程。用度量方程进行不确定性的度量,首先得分析输入要素(如机理输入的材料、工艺、装配、载荷等参量的不确定性,以及故障行为传播过程中的路径不确定性等要素)的不确定性性质,分析其是固有的,还是认知的、还是固有和认知相结合的,那么相应的基于不同度量理论的可靠度计算模型也就确定了。这样,产品最终的故障行为模型就算完成建立。

③ **技术方法框架**。本书的技术方法框架是以康锐教授的《确信可靠性理论与方法》科学原理为指导,始终关注的是学科方程、退化方程、裕量方程和度量方程这四个方程的落地,是这四个方程科学表征的工程化和实用化(参见本书图1.1)。在这个框架底下,包含了故障机理分析、寿命分析、产品寿命设计、加速试验等方法:

a. 故障机理分析方法。以前面提到的163个模型库作为机理分析基础,再围绕全寿命周期载荷,以及系统的结构层次和功能原理做定性分析,就能分析确定哪些部位存在哪些机理以及机理对应的敏感载荷,并逐一确定哪些是单一机理、哪些是耦合机理,并明确机理之间的耦合关系是靠载荷的综合分析来确定还是耦合机理之间的主要参数变量呈现的竞争、触发、促进/抑制或累积关系?同时还得分析机理模型输出的参量,是对应哪个部位哪个尺度层次,对应的是性能参数还是结构完整性参数,这样机理分析就基本完成了。

b. 寿命分析方法。以产品的仿真模型或数字样机模型,以及全寿命周期剖面和载荷工况作为输入,根据前面进行的机理分析结果,依次算出每个机理对应输出的故障时间,或者依据系统行为模型和裕量确定的故障时间,这就是寿命确定性分析结果。然后在确定性基础上,再考虑内因如材料、工艺、装配,外因如剖面和载荷等参数的不确定性,以及故障行为传播过程中的路径不确定性等要素,分析故障时间的不确定性计算结果,并以此计算相应的寿命指标,如机理的敏感性、平均故障时间(MTTF)、可靠寿命等,这样寿命分析就算完成。

c. 寿命设计方法。以寿命的期望值和设计公差值(或最小寿命)为目标,总体来说,可以结合故障行为模型就能得到不同层级寿命的期望值和设计公差值大小,在该过程中,要明确哪些是可控的设计参数,哪些是不可控的参数,然后再利用不确定性优化的一些定量表征模型,并制定优化目标、寻求优化算法,最终得到以期望寿命和设计公差(或最小寿命)为目标的设计参数控制范围。

d. 加速试验方法。主要讲两类加速试验方法:

一类是基于一定样本量的加速试验方案设计。一定样本量就是受试产品一般只有 3~5 或 5~10 个,这种情形最典型适合于机电、电子装备,或机械类装备的单一构件等。该试验方案设计,首先就是要通过前面讲的机理分析方法明确装备的主机理及其对应的敏感载荷,从而确定试验应力类型;进一步结合工程经验或强化试验结果,确定试验应力范围;然后综合考虑样本量确定试验类型,并结合现有文献里最普及的试验方案优化设计模型和方法,就可以量化确定具体每种试验工况下的样本量分配和测试间隔时间。这样就算完成了加速试验方案的设计。但根据该试验方案完成试验之后,工程上经常会暴露出一些问题,表现出来的数据分散性很大,点估计符合预期、但区间估计范围太大,跟最终期望的状态不一致。这样就可以用《确信可靠性理论与方法》里提到的基于不确定理论的可靠性评估方法来解决这个问题,即通过相似产品历史数据等广义知识来得到产品确信可靠分布,这是一套比较科学合理的方法论,最终所得到的区间估计结果与工程人员所期望的值比较一致。

另一类是基于有限样本(极小样本/单个样本)的加速试验方案设计。它是指产品研发过程中只能给予有限样本量并且最有可能是只有一个样本的情况,这种情形主要适合于一些典型机械或机电类装备。该试验方案是通过故障机理模型库和故障行为模型作为支撑基础,依据解析和仿真计算确定加速因子,即依据对产品的机理分析、机理模型和行为模型作为输入,然后综合考虑多机理、多部位、多载荷,依据机理或行为模型的计算结果,并尽可能考虑各机理之间加速效果协调一致的确定原则,综合确定加速因子,然后结合该加速因子,通过理论计算确定最终最优试验剖面;然后用单个样本去做试验以验证计算确定的加速因子(当然该结果的保证实际上是靠各层级各机理的机理模型和系统的行为模型得到一定逐层验证的基础上,才计算确定的加速因子,然后拿整机单个样本验证)。

举个例子,某航空发动机要做一个整机的加速试验,我们首先需要要做一个系统分析过程,比如说首先依次分析确定整机、部组件、构件对应的机理类型和敏感载荷,然后再自下向上的行为建模和加速因子的确定过程。那么针对构件层,我们认为用一定样本量的加速试验方法比较合适,因为构建层拿 3~5 个样本做是完全可能的。到了部件层,我们用的是有限样本加速试验方法,用单个样本去做试验以验证仿真模型来制定加速因子。对于整机层主要是用多元信息融合的方法,把底层构件和部件层级的加速因子和计算信息全部综合到一起,并结合相似产品在研制过程的各类信息,来融合确定整机层的加速因子。这就是一个比较系统完整的加速试验方案的确定过程。

(3) 重大工程应用实施效果。

① 解决了面向长寿命指标的新一代军用飞机研制的瓶颈问题(973 项目),突破了机载产品故障行为建模等 16 项关键技术,建立了 163 个机载产品故障机理模型库,开发了机载产品可靠性和寿命设计与试验平台;

② 解决了导弹武器系统在研制过程中可靠性与性能难以同步设计、及定寿困难的问题(973 项目),突破故障行为建模方法、加速机理一致性、模型有效性验证和快速验证等方法;

③ 解决了某发动机附件高可可靠长寿命指标手段缺乏的问题(重点型号攻关项目);

④ 解决了面向多元 SZ 环境的 QX 内场模拟试验设计问题(173 项目);

⑤ 突破新一代锂离子动力电池容量衰退、BMS 电路级联失效、软包装封装漏液(硬壳安全防爆设计)、安全预警等可靠性关键技术攻关及成果转化(国家重点研发计划)。

最后,我还想借用我的大学同学跟我分享的一句话:文字再好,也是一种复制,很难以将自己的心声悉数表达。的确因为我的"惰",书中内容难免粗糙,但作为该领域一本及时补给的新技术,书中提纲以及上述导读内容,但愿能带给大家一种"悟"。最后我仍想说,路漫漫其修远兮,吾将上下而求索!相约两年之后,我的新版著作期待再次与大家见面!

陈云霞

2022 年 11 月 14 日

内 容 简 介

本书主要以对机械产品为对象，面向长寿命指标需求，立足于可靠性科学原理，较为全面、系统地介绍了故障机理分析与建模、寿命设计与分析、寿命试验设计与评价等内容。此外本书还结合大量工程型号实际应用案例，并注重理论与应用紧密结合，可以使读者迅速掌握机械产品寿命设计和试验相关理论和方法。

本书可作为新一代航空机械产品开展寿命设计与试验评估等工作的参考书，也可作为高等学校和研究所相关研究领域的教师和研究生的参考书或教科书；由于书中所含内容的一般性，因此还可作为一般机械、机电类产品，如航空发动机附件、汽车零部件等产品的寿命设计、分析、试验、评价、验证技术人员的参考书。

In response to the long-life requirements of mechanical products, this book introduces failure mechanism analysis and modeling, life design and analysis, life test design and evaluation in a more comprehensive and systematic way, based on the principles of reliability science. In addition, the book also combines a large number of practical application cases of engineering practice, and focuses on the combination of theory and application, which can make readers quickly grasp the theory and methods related to life design and testing of mechanical products.

This book can be used as a reference book for the new generation of aerospace machinery products to carry out life design and test evaluation, as well as a reference book or textbook for teachers and graduate students in related research fields in higher education and research institutes. Due to general nature of the contents contained in the book, it can also be used as a reference book for the life design, analysis, testing, evaluation, verification of general lmachinery and electromechanical products such as aero-engine accessories, automotive parts and other products.